イラストで見る

HACCP
Hazard Analysis and Critical Control Point
システムの要点

［編著］
HACCP研修チーム 代表
小西良子

［著］
三宅司郎・脇 洋平
大仲賢二・小林直樹
伊藤 武

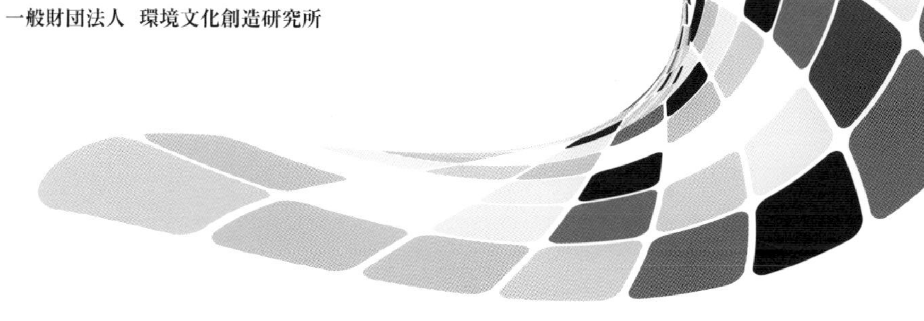

■協 力
イカリ消毒株式会社 LC環境検査センター
一般財団法人 環境文化創造研究所

幸書房

発刊にあたって

食の安全安心が社会的関心を集めてから、すでに20年近くが経ちました。その間、国際的ハーモナイゼーションの推進もあり、食の安全を担保するための手法が目を見張る進歩を遂げています。

最も注目すべき進歩は、我が国も食の安全における先進国と同様に、HACCPシステムを食品衛生法に取り入れた点です。2018年6月に法改正が行われ、2020年6月からは法律が施行されました。今後HACCAPシステムは、我が国でもスタンダードな食品衛生システムとなってまいります。

本テキストは、厚生労働省が全ての食品等事業者に義務化を行う「食品衛生上の危害の発生を防止するために特に重要な工程を管理するための取組（HACCPに基づく衛生管理）」および「取り扱う食品の特性等に応じた取組（HACCPの考え方を取り入れた衛生管理）」の基本となっている、「コーデックスの食品衛生規範」をわかりやすくビジュアルで解説したものです。

テキストの構成は3日間の集中実習を行うスタイルで作られており、1日目は座学として、コーデックス食品規格委員会が提唱しているHACCPシステムの概略、危害要因の説明、日本の法令、HACCPの12手順、7原則を習得します。2日目および3日目は、1日目で習得した知識を基に、HACCPチームを作り、危害要因分析からHACCPプラン作成、管理基準の設定等、改善措置、検証、記録の文書化まで実践的にグループワーキングで学びます。

本テキストの特徴は、スライドだけではなくそのスライドで重要なポイントを解説してあり、教えるほうも学ぶ方も理解しやすくしているところで、麻布大学 生命・環境科学部　食品生命科学科の授業テキストとしても一部利用しております。

今後、国内の食品等関連業、公務員（食品衛生監視員）の皆様、またそれらの職種を希望する学生の皆様において、HACCPシステムは、不可欠な知識とスキルとなってまいります。

この機にHACCP教育を取りいれたいとお考えの大学や短大、専門学校や、従業員教育をお考えの食品等事業者の方にも広く利用していただきたく、教材として用いているスライドを基に本としてまとめ、市販することに致しました。是非教材としてだけでなく日頃の業務の参考本としてもご活用していただければ幸いでございます。

なお、本テキストの内容一切について、HACCP研修チームの責任において、管理・執筆しておりますことを申し添えます。

2020年9月

HACCP研修チーム 一同

謝　辞

本テキストの執筆にあたっては、東京都健康安全研究センター、食品製造分野、食品微生物分野の専門家の先生方にご助言をいただきました。この場を借りて、深く御礼を申し上げます。

最後に本テキストの企画・刊行にあたり、（株）幸書房の夏野雅博氏に多大なご援助をいただきましたこと、厚く御礼を申し上げます。

執筆者

小西　良子（こにし　よしこ）
前麻布大学　生命・環境科学部　食品生命科学科　教授
国立医薬品食品衛生研究所　客員研究員

三宅　司郎（みやけ　しろう）
麻布大学　生命・環境科学部　食品生命科学科　教授

脇　洋平（わき　ようへい）
イカリ消毒株式会社　コンサルティング部　チーフコンサルタント
FSMS 審査員補、JFS-A/B 監査員

大仲　賢二（おおなか　けんじ）
麻布大学　生命・環境科学部　食品生命科学科　講師

小林　直樹（こばやし　なおき）
麻布大学　生命・環境科学部　食品生命科学科　講師

伊藤　武（いとう　たけし）
一般財団法人 東京顕微鏡院　名誉所長

協　力

イカリ消毒株式会社　LC 環境検査センター
一般財団法人 環境文化創造研究所

目　　次

3日間集中実習スタイル

■ 1日目 ＜座　学＞

■ 2－3日目 ＜グループワーク＞

HACCPの概要、規則、理論
（コーデックスの考え方）

▶ポイント◀ 001

HACCPの歴史

- 1960年代に宇宙飛行士の食品の高度な安全性を確保するため
- 最終製品の検査では安全確保は不可能なのでプロセスをコントロールする必要がある。

原因を洗い出し、事前に除去する ➡ HACCP

▶ポイント◀ 002

従来の食品安全性確保のための試験法は最終製品などの一部を抜き取り検査をしていました。

HACCPの概要

- HACCPとは安全で衛生的な食品を製造するための管理方法の１つで、問題のある製品の出荷を未然に防ぐことが可能なシステム
- 食品安全性の確保は企業の義務
- 企業の自己防衛の手段
- 科学的な根拠がある
- 国際的に常識となっている

▶ポイント◀ 003

HACCPは転ばぬ先の杖。事前に危険を予防するための仕組みです。工程を管理することで、最終検査をしなくても安全な食品を作るシステムです。

HACCPは国際的なもの

- WTO*など食品安全の紛争解決にHACCPが基準となる
- 国際的に通用するHACCPが必要
- 先進各国で採用（日本も義務化）

*WTO：世界貿易機構

▶ポイント◀ 004

食品の輸出入には常にその安全性が担保されるシステムが必要ですが、HACCPシステムによる製造工程を採用していることが国際的に食品の安全性を管理するために求められます。

国際的HACCPの理論　（コーデックス規範）
ーHACCPは安全性システムー

- HACCPでは品質を取り扱わない
- ハザードを予防的に100%管理する。でも100%安全性を保障するものではない
- HACCPはGood Manufacturing Practice（GMP)、あるいは前提条件プログラム（Prerequisite Program（PRPまたはPP)）を確立したうえで効力を発揮する（HACCP単独では機能しない）

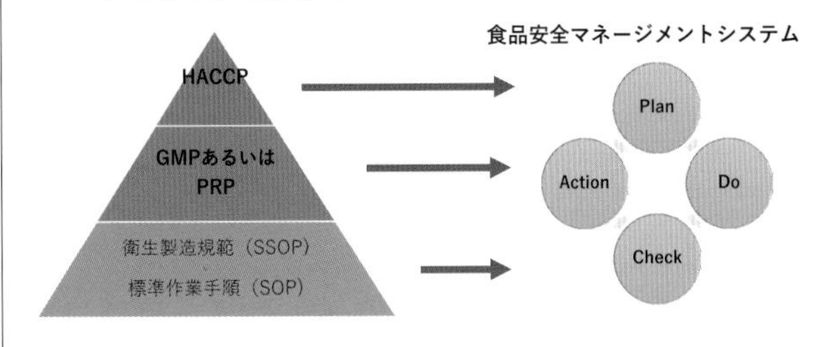

▶ポイント◀ 005

① HACCP システムは安全性を管理するもので、品質を管理するものではありません。重要なポイントです。

② HACCP を頂点としたピラミッドを構成するすべての項目が HACCP システムであり、つねに PDCA サイクルを動かしていきます。

GMP：適正製造規範または一般衛生管理

PRP：前提条件プログラム

Standard Operating Procedure
標準作業手順

- 標準化するべき作業の手順を文書化したもので、GMPを管理するにはSOPの整備が重要
- 手順を文書化しておかないと、従業員の勝手な判断などで手順が変更されることも多い
- SOPのうちサニテーションに関するものをSSOP（Sanitation Standard Operating Procedure)と呼ぶ

▶ポイント◀ 006

先程示した三角形の底辺にあった SOP（SSOP）について説明します。

SOPの内容

- 作業の目的と注意点
- 具体的な方法（概要と詳細）
- 作業の頻度
- 達成成績の基準とモニタリング
- 手法の調整、是正措置の方法
- 責任者記録
- 成績の検証
- 責任ある上司による認証

▶ポイント◀ 007

SOP の具体的な内容を示しました。

HACCPのガイドライン、法律、企画、認証機関、導入する国際的組織

	法律、ガイドライン	規格・認証機関	認証を承認する組織
日本	・厚労省食品衛生法の改正 ・農水省のガイドライン ・厚労省のガイドライン	・JFS-A / B / C（食品安全マネジメント協会）	GFSI（国際食品安全イニシアティブ）
国際的（コーデックス委員会）	・コーデックス委員会の規範	・FSSC 22000 ・ISO 22000	

▶ポイント◀ 008

HACCP に関連するガイドライン、規格および認証制度は国内、国外に存在します。

国際規格
ISO 22000：2018規格の概要

1. 適用する範囲の特定
2. 引用する規格の明確化
3. 使用する用語と意味の明確化
4. 組織の状況
5. リーダーシップ
6. 計画
7. 支援
8. 運用※HACCPプログラムを利用
9. パフォーマンス評価
10. 改善

ISO 22000：2018の規格

※HACCP

①HACCP チームをつくる
②対象食品を明確にする
③食品の用途を明確にする
④製造工程を明確にする
⑤実際の工程で確認する
⑥ハザードを特定する
⑦重要管理点（CCP）を決める
⑧許容限界を決める。
⑨モニタリング方法を決める
⑩修正や改善処置方法を決める
⑪検証方法を決める
⑫文書と記録の管理をする

▶ポイント◀ 009

国際的規格である ISO 22000 の概要は 10 項目あり 8 番目に HACCP 手法を利用します。

国際規格
FSSC 22000の概要

FSSC（Food Safety System Certification）は、オランダの食品安全認証財団（The Foundation of Food Safety Certification: FFSC）であり、2004年に設立された。

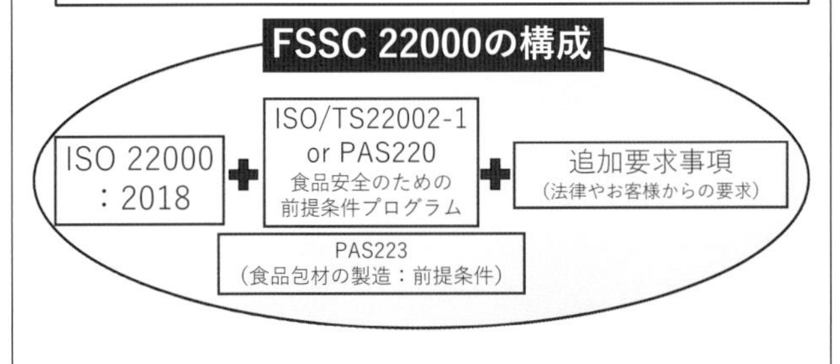

▶ポイント◀ 010

近年 ISO22000 だけでは食品偽装やテロに不十分であるため、TS22002-1 および追加要求事項を入れた FSSC22000 が規格として使われています。

TS22002-1と追加要求事項の概要

ISO/TS22002-1
食品安全のための前提条件プログラム

1. 適用範囲
2. 引用規格
3. 用語及び定義
4. 建物の構造と配置
5. 施設及び作業区域の配置
6. ユーティリティ～ 空気、水、エネルギー
7. 廃棄物処理
8. 装置の適切性、清掃・洗浄及び保守
9. 購入材料の管理（マネジメント）
10. 交差汚染の予防手段（含むアレルゲン管理）
11. 清掃・洗浄及び殺菌・消毒
12. 有害生物の防除(ペストコントロール)
13. 個人衛生及び従業員のための施設
14. 手直し
15. 製品リコール手順
16. 倉庫保管
17. 製品情報及び消費者の認識
18. 食品防御、バイオ(ビジランス·テロリズム)

追加要求事項（例）

1. サービスの管理
2. 製品のラベル表示
3. 食品防御
4. 食品偽装予防
5. ロゴの使用
6. アレルゲンの管理
7. 作業環境モニタリング

▶ポイント◀ 011

TS22002-1 および追加要求事項について示したものです。

コーデックス規範について

▶ポイント◀ 012

コーデックス食品衛生規範（CAC/RCP-1969）

序論
1. 目的
2. 範囲、用途および定義
3. 一次生産
4. 施設・設計（デザイン）および設備
5. 食品の取り扱い工程
6. 施設：メンテナンスおよびサニテーション
7. 施設：個人衛生
8. 輸送
9. 製品情報および消費者意識
10. 訓練

食品の取り扱い工程 A
食品の取り扱い工程 B
CCP

▶ポイント◀ 013

コーデックス食品衛生規範は序論からこのような 10 項目に分かれて書かれています。5 が HACCP 手法を利用します。また、特に最後の「10. 訓練」は、3 から 9 までの項目にすべて必要とされています。

HACCP システム以外の項目についてはスライド 036 から説明します。

1. 目的(目標)：コーデックス食品衛生の一般原則

★ 安全で適切な消費が可能である食品を提供することがゴールである

★ そのゴールの達成のため、フードチェーン全体を通して通用可能で不可欠となる原則を定める

★ 食品の安全性を向上させる方法として、HACCP を基礎にした手法を推奨し、導入法を示す

★ フードチェーンの各セクター、工程、製品で必要になる衛生要求事項を広げるための手引きを示す

▶ポイント◀ 014

国際規格には、必ず、この規格がどのような目的（目標）をもって作られたのかが書かれています。

2. 範囲、用途および定義

＜範囲＞

➢フードチェーン：第1次生産者から最終消費者に至るまでのフードチェーンについて書かれている。

➢政府、産業界および消費者の役割
- 政府はこれらの一般原則を奨励するにはどうすればベストであるかを決定する。
- 産業界はこの規範を適用すべきである。
- 消費者は適切な説明に従い、食品衛生の適切は手段を実行することによって消費者の役割を認識する。

▶ポイント◀ 015

この規範がどの範囲でそれぞれの立場の人がどんな役割を持つかについても説明してあります。

＜**定義**＞以下の単語は定義に基づいて使われている。

- クリーニング（Cleaning）
- 汚染物質（Contaminant）
- 汚染（Contamination）
- 消毒（Disinfection）
- 施設（Establishment）
- 食品衛生（Food hygiene）
- ハザード（Hazard）
- HACCP
- 食品取扱者（Food holder）
- 食品安全（Food safety）
- 食品の適切さ（Food suitability）
- 第一次生産(Primary production)

▶ポイント◀ 016

この規範に出てくる単語がどのような意味で使われているかも定義されています。この定義を理解して規範を実行することが求められます。

▶ポイント◀ 017

厚生労働省推奨HACCP

▶ポイント◀ 018

HACCPの制度化

	全ての食品等事業者（食品の製造・加工、調理、販売等）が衛生管理計画を作成	
対ＥＵ・対米国等輸出対応（HACCP＋α）	食品衛生上の危害の発生を防止するために特に重要な工程を管理するための取組（HACCPに基づく衛生管理）	取り扱う食品の特性等に応じた取組（HACCPの考え方を取り入れた衛生管理）
	コーデックスのHACCP7原則に基づき、食品等事業者自らが、使用する原材料や製造方法等に応じ、計画を作成し、管理を行う。	各業界団体が作成する手引書を参考に、簡略化されたアプローチによる衛生管理を行う。

厚労省HP
https://www.mhlw.go.jp/content/11131500/000481107.pdfを引用

日本では、厚労省が食品等事業者に対して、表に示しました 3 つのカテゴリーのいずれかの衛生管理を行うことを 2018(平成 30) 年 6 月に義務化いたしました。

国内向けの 2 つのカテゴリーについてはスライド 153 で詳しく説明します。

▶ポイント◀ 019

HACCPの7原則、12手順

HACCP は、7 原則、12 手順で成り立っています。

▶ポイント◀ 020

HACCPの規則

手順	内容
手順. 1	HACCPチームの編成
手順. 2	製品の特徴の確認
手順. 3	製品の使用方法の確認
手順. 4	フローダイアグラム（工程図）の作成
手順. 5	フローダイアグラムの現場での確認

危害要因分析のための必要な準備

手順. 1～5 までは HA（危害要因分析）のための必要な準備と位置づけられます。

手順 / 原則	内容	
手順. 6 / 原則. 1	危害要因の分析（ハザード分析）	何をどこでコントロールするのかを決める
手順. 7 / 原則. 2	重要管理点の（CCP)の設定	
手順. 8 / 原則. 3	許容限界の設定	CCPをどのようにコントロールするのかを決める
手順. 9 / 原則. 4	モニタリング方法を設定	
手順. 10 / 原則. 5	是正処置の設定	
手順. 11 / 原則. 6	検証手順の設定	HACCPプランの妥当性を証明し、記録する
手順. 12 / 原則. 7	文書化及び記録保持	

▶ポイント◀ 021

手順. 6～12 は HACCP の原則. 1～7 に該当します。

ここでは概略をお話しし、具体的にはスライド 289 から詳しく説明します。

手順. 1 HACCPチームの編成

- 経営トップが参加する
- 各作業室からリーダーが来る
- 営業と仕入れも参加する
- 組織図を作って明確にする

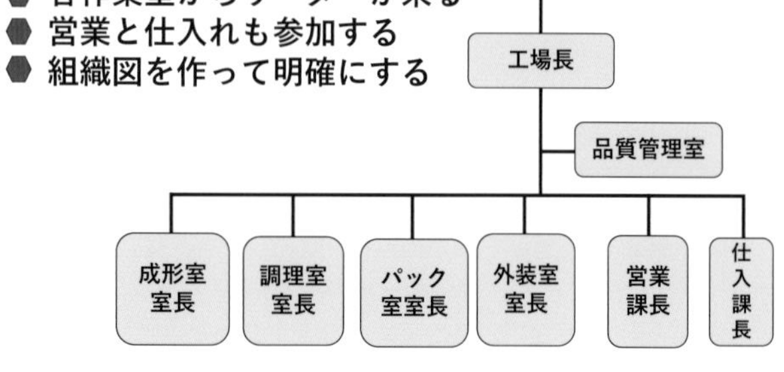

▶ポイント◀ 022

① HACCP は 1 人でプランを考えるものではありません。手順. 1 では食品等の事業者が対象となる製品に対して 1 つの HACCP チームを作ります。

② HACCP プランはその実行が必要となりますので、経営トップから、製造担当、営業担当、品質管理担当など一丸となって行う必要があります。

手順. 2 製品の特徴の確認

HACCPの対象製品を決める
複数の製造ラインや製品がある場合は、製品の種類ごとに段階的にHACCPの導入を進めていく

例）惣菜工場：煮物製品、フライ製品、グリル製品

最初に対象製品を 1 つ選ぶ → さばの味噌煮
さばの味噌煮がうまくできたら、他のグリル製品（焼き鳥など）に広げる

▶ポイント◀ 023

① HACCP は 1 つの食品製造工程ごとに行うものですので、手順. 2 では、どの製品工程に HACCP を行うかを決めます。

② もし、いくつかの製品工程がある場合は段階的に 1 つずつ進めていきましょう。例えばサバの味噌煮を最初に対象と決めた場合、この HACCP が順調にいったときに他のグリル系の食品も HACCP 対象にしていきます。

手順. 3 製品の使用方法の確認

製品説明書	
製品名	冷凍ボイルエビ
原材料に関する事項	えび（冷凍）、水（水道水）
添加物、使用量	水産用医薬品（養殖段階） 亜硫酸塩（水揚げ処理段階）
製品の規格 （成分規格）	食品衛生法の成分規格 一般生菌数：10万 /g以下 大腸菌群：陰性
（自主基準）	食品衛生法の成分規格 一般生菌数：10万 /g以下 大腸菌群：陰性 サルモネラ属：陰性 腸炎ビブリオ：陰性
保存方法	−18℃以下
消費期限 / 賞味期限	賞味期限：12ヶ月
対象者	一般消費者

製品の安全数値が重要

▶ポイント◀ 024

通常原材料は、それぞれの専門業者から納入されますが、その時に添加物、製品の規格および自社で設定した基準をクリアした原材料のみ購入することとし、更に保存方法、提供する対象者を確認します。

手順. 4 フローダイアグラム（工程図）の作成

唐揚げの製造過程

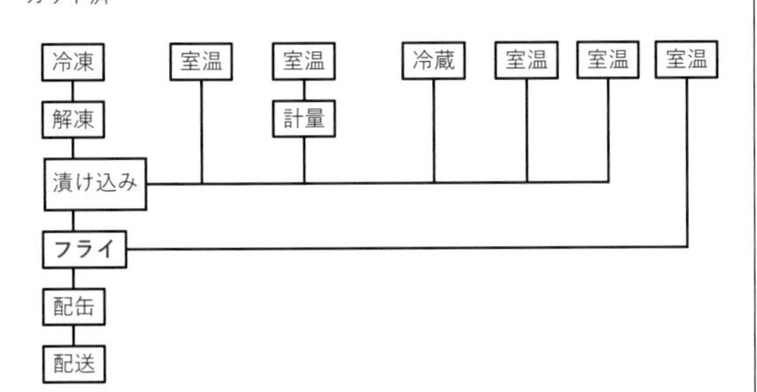

▶ポイント◀ 025

① 手順. 4 では、ゾーニングを意識して製造工程のフローダイアグラムを作ります。

② ダイアグラムなので、時系列のフローとなります。

凍結メンチカツの製造工程

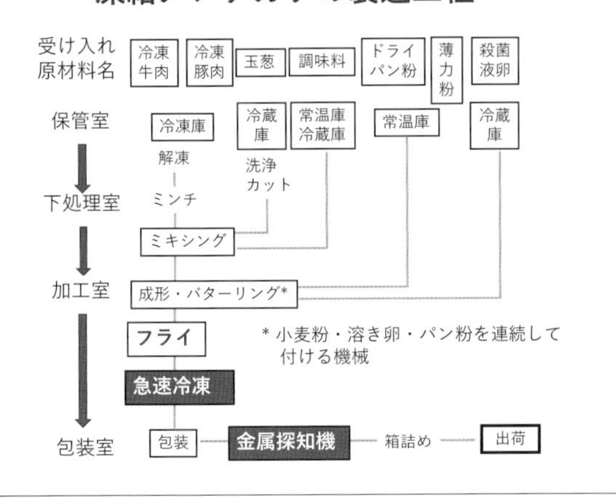

▶ポイント◀ 026

もう 1 つの例として、凍結メンチカツの製造工程を挙げておきました。

手順. 5 フローダイアグラムの現場での確認

- □ 製造工程と図面が現場でその通りになっているかを確かめる
- □ 現場で勝手に変わっている時がある
- □ GMPのだめなところも再確認できる

例えば

- ゴミが出やすい棚がないか
- 結露した水滴などがないか
- その場で直せるときは直ぐに直す
- 問題点はリスト化、記録をして、未解決リストとして管理

▶ポイント◀ 027

作成したフローダイアグラムは製造現場でその通りになっているか、GMP は整備されているかを確認します。

手順. 6 危害要因（ハザード）分析の前に!!

ハザードの分類を行う

- **生物的（B）：細菌（非芽胞菌/芽胞菌）・ウイルス・寄生虫**
- **化学的（C）：生物毒/植物毒・意図的添加物・偶発的添加物（農薬、抗生物質、PCBなど）**
- **物理的（P）：金属片（釘、ねじなど）、ガラス片**

でハザードを分ける

▶ポイント◀ 028

① さて、いよいよ HA の段階に入ります。すなわちハザード分析（危害要因分析）です。

② 原材料それぞれのハザードを分析します。

③ ハザードは生物的（B）化学的（C）および物理的（P）で分けて分析します。

手順. 6, 7 / 原則. 1, 2
危害分析~重要管理点の決定

- **フローダイアグラムを見ながら、(B)、(C)、(P) いずれの危害要因に対しても検討する**
- **それがCCPなのかSSOPなのか？**
- **CCPディシジョンツリーを利用する**

例えば
「容器類を清潔に維持する」は SSOP*である。

*SSOP：サニテーション標準作業手順

▶ポイント◀ 029

HA を分析したのち、工程の中から CCP を決めていきますが、まず HACCP チームが CCP であると考えたポイントが本当に CCP にして良いのか、SSOP で対処できることなのかを確かめる必要があります。

コーデックス（Codex）による CCPディシジョンツリー

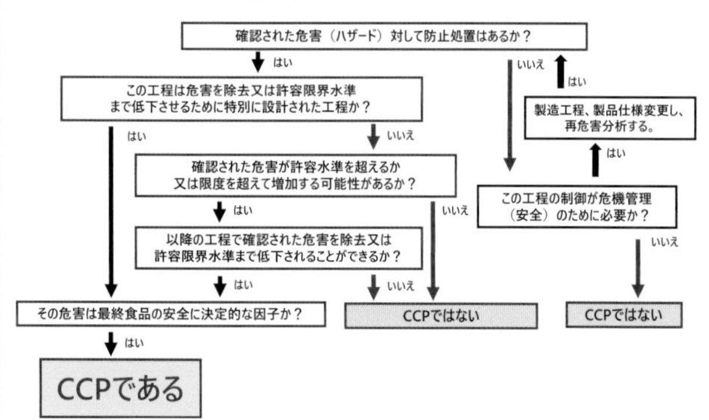

▶ポイント◀ 030

CCP を決める指針に使われるのは、コーデックスによる CCP のディシジョンツリーです。このツリーで判断することが一般的に行われています。

手順. 8~10 / 原則. 3~5
許容限界、モニタリング方法、是正処置の設定

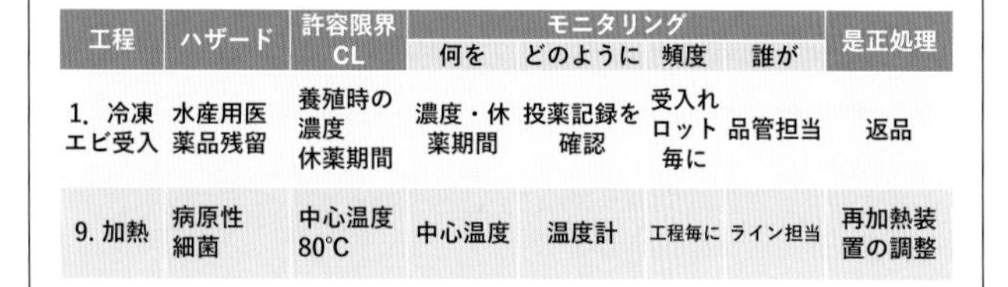

工程	ハザード	許容限界CL	モニタリング				是正処理
			何を	どのように	頻度	誰が	
1. 冷凍エビ受入	水産用医薬品残留	養殖時の濃度 休薬期間	濃度・休薬期間	投薬記録を確認	受入れロット毎に	品管担当	返品
9. 加熱	病原性細菌	中心温度80℃	中心温度	温度計	工程毎に	ライン担当	再加熱装置の調整

▶ポイント◀ 031

CCP に設定するときにはハザードは何か、許容限界 (CL)、何をどのようにどのくらいの頻度で、だれがモニタリングをして CL が守られているかを決めておく必要があります。

手順. 11 / 原則. 6　検証手順の設定

- HACCPプランが有効に機能しているか（妥当性の確認）
- HACCPプランに従って実施しているか、修正等の見直しが必要か（遵守検証、再評価）

No.	検証の要求事項	方法	頻度	記録者
1	・製品が安全か（CCPの検証） ・CCPの条件が危害物質の除去に妥当か（妥当性確認）	細菌検査数が、許容水準内にあるか 75℃　1分で対象食中毒菌が死滅するか	同上	細菌検査記録、文献や参考文献があるか

▶ポイント◀ 032

① 次に CCP で決めた条件で、期待した結果（病原菌の殺菌など）が見込まれるか（CCP の妥当性試験）を検証することが必要となります。

② また、HACCP プランがきちんと実施されているか、GMP などの検証が必要です。

▶ポイント◀ 033

① HACCP システムではすべての工程が食中毒を防止するために重要ですが、その中でも記録して、それを維持管理することは、自らの HACCP システムを正しく実行しているという保証となり、事業所を守ることに繋がります。

② 大切な記録を、何を、どう残していくかをチーム全員が知っている必要がありますので、維持管理方法を決めておきましょう。

▶ポイント◀ 034

具体的な記録の項目を挙げてあります。

CCP の記録としては、モニタリングをした記録、逸脱した時と是正措置をした時の記録、そして CCP が妥当と判断した検証記録（文献を使った場合はその文献）を残しておきましょう。

GMPとHACCP

GMP	HACCP
食品安全を間接的に扱う	食品安全を直接的に扱う
複数の生産ライン、工場全体にわたる	１生産ライン（１製品）に１つの計画
比較的重要度が低いハザードを扱う	起こりやすく、起きた場合の結果が深刻なハザードを扱う
失敗があっても、食品安全の危害要因になることはめったにない	逸脱は食品安全の潜在的な危害要因と考えなければならない

▶ポイント◀ 035

スライド 005 では、GMP の上に HACCP が上乗せされていますが、次のスライドから GMP について詳しく紹介していきますので、ここで、GMP と HACCP の違いを見てみます。一番重要なことは HACCP は「１生産ライン（１製品）に１つの計画」、GMP は「複数の生産ライン、工場全体にわたる」食品衛生管理の手法であるということです。

一般衛生管理
[適正製造規範]（GMP）

コーデックス規範を例に

コーデックス食品衛生の一般原則
Good Manufacturing Practice（GMP）
CAC/RCP1-1969, Rev.4- 2003

▶ポイント◀ 036

適正製造規範（Good Manufacturing Practice：GMP）とは、具体的にどのようなものかをイラストや写真などで理解を深めます。

HACCPとGMPの関係（イメージ）

▶ポイント◀ 037

① スライド005をもっと具体的に示すと、このようになります。

② すなわち、HACCP プランといわれるものはCodex（コーデックス）の食品衛生の一般原則（GMP）が土台となっています。

コーデックス食品衛生の一般原則：GMP

序論
1. 目的
2. 範囲、用途および定義
3. 一次生産
4. 施設：設計（デザイン）および設備
5. 食品の取り扱い工程
6. 施設：メンテナンスおよびサニテーション
7. 施設：個人衛生
8. 輸送
9. 製品情報および消費者の意識
10. 訓練

▶ポイント◀ 038

もう一度コーデックスの食品衛生の一般原則を見てみましょう。

3. 一次生産

目的：一次生産は、目的の用途において食品は安全かつ適切であることを保証する方法で運営しなければならない。必要に応じて、これには以下の点が含まれる

- 食品の安全性が環境によって脅かされる地域の使用を避ける。
- 食品の安全性に脅威とならない方法で、汚染物質、有害生物、動植物の疾病を抑制する。
- 食品が衛生的な条件のもと適切に生産されることを保証する、規範および対策を採用する。

▶ポイント◀ 039

一次生産とは、農産物を生産することを指しますが、これらの項目が運営に必要です。

3. 一次生産

3-1 環境条件
3-2 食品生産者の衛生的製造
3-3 取扱い、保管および輸送
3-4 一次生産における洗浄、保守管理および職員の衛生

▶ポイント◀ 040

具体的には以下の項目があります。

3-1 環境条件

環境に起因する潜在的汚染を考慮しなければならない。とりわけ食品の一次生産は、潜在的に有害な物質が食品中で許容不可能な濃度に達するような地域において行うべきではない。

▶ポイント◀ 041

一次生産のうちまず1番目は環境衛生です。農薬等の使用基準や、糞便からの微生物汚染などの潜在的な汚染を考慮すべきです。

3-2 食品生産者の衛生的製造

生産者は以下の対策を可能な限り実行しなければならい

- 一次生産に用いる空気、土壌、水、飼料、肥料（自然肥料を含む）、農薬、動物用医薬品やその他すべての因子による汚染を抑制する。
- 食品の摂取を通して人の健康が脅かされる、あるいは製品の適合性に悪影響が及ぶことのないよう、動植物の健康状態を管理する。
- 糞便および他の汚染物質から食物源を保護する。
- 廃棄物の管理および有害物質の保管について、適切に配慮しなければならない。

▶ポイント◀ 042

2番目は衛生的な製造をすることで、そのポイントを4つにまとめました。

3-3 取扱い、保管および輸送

以下について、適切な手順で実施しなければならない

- 食品および食品素材を選別し、明らかに人の摂取には適さない素材を分離する。
- 分離した素材はすべて、衛生的な方法で処分する。
- 取扱い、保管および輸送の間、食品と食品原料を、有害生物による汚染、または化学的、物理的もしくは生物的な汚染、もしくは他の不適切な物質による汚染から保護する。
- 温度、湿度および／または他の抑制手段を含む適切な措置を通して、できる限り適切かつ実際的に、劣化および変質を回避するよう管理しなければならない。

▶ポイント◀ 043

3番目の取り扱い、保管および輸送では、温度、湿度、その他のコントロールを含む適切で実用的な手段を講じて劣化および変質を防ぐ注意が必要です。

3-4　一次生産における洗浄、保守管理および職員の衛生

以下の点を保証するため、設備および手順が適切に機能しなければならない

- 必要な洗浄と保守管理が効果的に実行されている。
- 個人の衛生状態が適切なレベルに保たれている。

▶ポイント◀ 044

4 番目の保守管理および従業員の衛生では、これらのポイントが維持されていることが重要です。

4. 施設：設計（デザイン）および設備

4-1　立地
　4-1-1　施設
　4-1-2　装置
4-2　施設の構内、部屋
　4-2-1　設計および配置
　4-2-2　内部構造および備品
　4-2-3　臨時／移動式店舗および自動販売機
4-3　装置
　4-3-1　一般
　4-3-2　食品管理および監視装置
　4-3-3　廃棄物および食用不可品の容器

▶ポイント◀ 045

施設では、このスライドと次のスライドがポイントとなります。

4-4　設備
　4-4-1　給水：「飲用水」と「飲用に適さない水」の分別
　4-4-2　排水および**廃棄物処理**
　4-4-3　洗浄
　4-4-4　**従業員の衛生設備**
　4-4-5　湿度管理
　4-4-6　**空気の質および換気**
　4-4-7　照明
　4-4-8　**保管設備**

▶ポイント◀ 046

特に設備では 8 項目があります。

4. 施設：設計（デザイン）および設備

目的：作業の性質およびそれに伴うリスクに応じた建物、装置および設備を配置、設計および構成することによって、以下の点を保証しなければならない。

- 汚染は最小限に抑えられている。
- 適切な保守管理、洗浄および消毒が可能であり、空気中の汚染物質を最小限に抑える設計および配置になっている。
- 作業面および用具（特に食品に接触するもの）は、目的の用途において毒性がなく、必要に応じた十分な耐久性があり保守および洗浄が容易である。
- 必要に応じて、温度、湿度および他の制御手段を管理するため適切な設備が利用可能である。
- 有害生物の侵入と生存に対する効果的な防護策がある。

▶ポイント◀ 047

施設では、目的が何かを理解して取り組む必要があります。

4-1　立地

事業場は、汚染を防止し安全な製品を生産できるような場所に立地させ、維持しなければならない。

考慮すべき施設周辺環境

近隣の環境（臭気、化学物質）
山
川
貯水タンク
エネルギー棟
排水施設
廃棄物置き場
上流の環境（牧場、ゴルフ場）
鳥の生息場所
駐車場
水たまり
そ族・虫の侵入

▶ポイント◀ 048

事業場は、昆虫やネズミおよび微生物からの汚染を防止し安全な食品を生産できるような場所に立地させ、維持しなければなりません。

4-1-1　施設

事業場の構内に関する適切な基準を定め、それに従って維持しなければならない。

施設の周辺

施設周辺の管理ポイント（例）

- 定期的な清掃ルールの設定
- 側溝に詰まりはないかの定期的なチェック

- 剪定ルールの設定
- 樹木の管理状況、鳥の営巣の定期チェック

- 除草剤の散布ルールの設定
- 草の管理状況の定期チェック

- 定期的に空にして洗浄するルールの設定
- ゴミ置き場の定期チェック
- 蓋は必ず閉める

▶ポイント◀ 049

事業所の構内は、適切な基準を定めそれに従って維持することです。

施設の管理ポイント

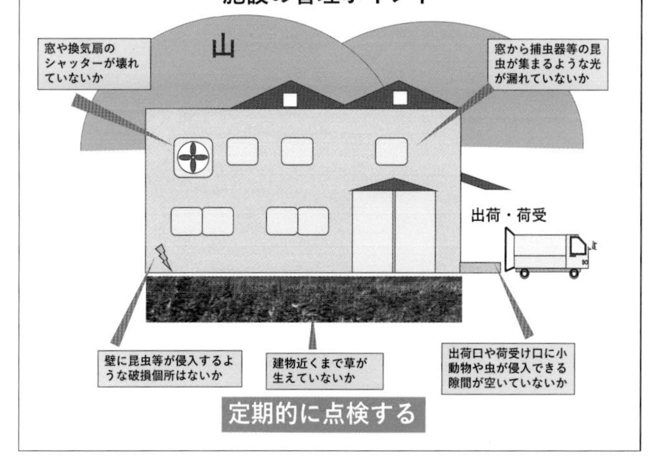

▶ポイント◀ 050

管理するポイントを決めておいて、定期的に点検することが重要です。

4-1-2　装置

装置・器具は意図した用途に、かなうように設計され、食品安全上のリスクを最小化するように使用され、維持・保管されていなければならない。

- 徹底した分解ができる
- 洗浄や乾燥が容易
- 部品が蒸気や煮沸で殺菌可能
- 使用前にアルコール消毒を行う

▶ポイント◀ 051

食品製造に用いる装置、たとえばジューサーですと最小単位に分解できることなどが重要です。

4-2　施設の構内、部屋

事業場、建物および工場内の施設・設備が、外部環境、内部環境および製造フローから生じる汚染のリスクを制御できるように設計され、配置され、施工され、維持されていなければならない。

・昆虫やネズミが入ってくる
・カビや昆虫等が発生する

食品工場
施設仕様に起因する課題

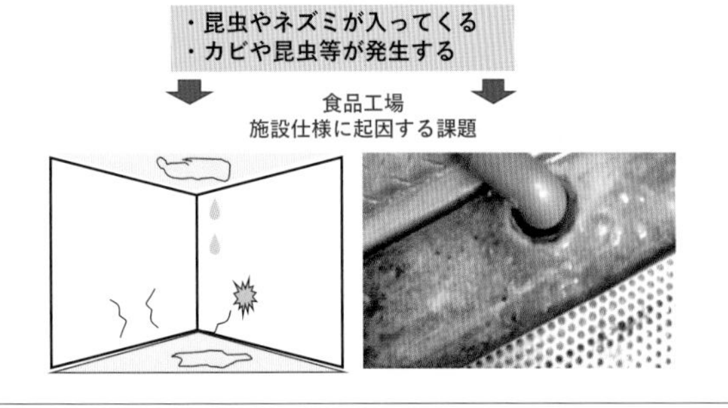

▶ポイント◀ 052

施設の構内や部屋では汚染リスクを抑える配置、設計が重要です。老朽化も大きなリスクとなります。

4-2-1　設計および配置

床・壁・窓の設置（例）

網戸
窓
45° 以上
1 m以上
腰板
R構造
半径 5 cm以上
ゴミ溜まりやすい
清掃しにくい

機器の設置（例）

蒸し器
20 cm以上
60 cm以上

▶ポイント◀ 053

① 壁と床の継ぎ目やコーナーの部分を R（アール）構造 (曲面) にすることで清掃が容易になります。

② 食品加工用の機器や装置を設置する場合には、洗浄および消毒が行えるスペースを空けておきましょう。（左記の例では床から 20㎝以上、壁から 60㎝以上）

4-2-2　内部構造および備品

ユーティリティ

製造・保管区域の仕様が意図した用途に適うものでなければならない。
食品に接触する可能性がある空気、高圧空気およびその他ガス等のユーティリティは、必要に応じて、汚染、結露を防止するための管理方法を定め、実施しなければならない。

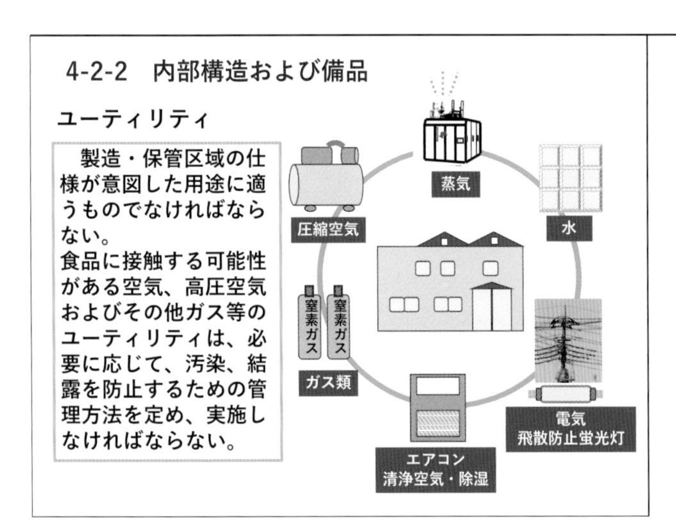

▶ポイント◀ 054

① 製造・保管区域の仕様が意図した用途にかなうようにします。

② 食品に接触する可能性がある空気、高圧空気およびその他ガス等のユーティリティは必要に応じて、汚染、結露を防止するための管理方法を定めます。

ユーティリティ
蒸し器の配置（例）

ストレーナー
減圧弁
フィルター
蒸し器
蒸気の流れ

圧縮空気ろ過装置の配置

コンプレッサー
除湿
除塵
除油
除臭
クリーンエア

▶ポイント◀ 055

蒸し器に使う蒸気は直接、食品と接触するため、フィルターを通して清浄性を高めます。また圧縮空気についても清浄度を高めるために、除湿、除塵、除油および除臭を行います。

製造・加工の装置・設備　設置のポイント

食品並びに移動性の器具および容器の取り扱い:
床面からの跳ね水等による汚染を防止するため、床面から60 cm以上の場所で行うこと。

大量調理施設の調理器具

大量調理施設の器具洗浄機

跳ね水等からの直接汚染が防止できる蓋つきの食缶等で食品を取り扱う場合には、30 cm以上の台で行って良い

▶ポイント◀ 056

床面がウエットの場合

作業場における食品および移動性の器具は、床面に落ちた水のはね返りを避けるため、床面から高さ30㎝以上の場所におきます。なお、床面から60㎝以上の場所に置くことが望ましいとされています（弁当、そうざい、大量調理施設）。

4-4-2　排水および廃棄物処理

廃棄物を分別し、収集し、処分するための適切な手順を定めなければならない。廃棄物の置き場所や容器は、有害生物の誘引や、有害生物・微生物の発生を防ぐように管理しなければならない。廃棄物の動線は、食品に交差汚染をもたらさないように設定しなければならない。

廃棄物の近くで開放系で保管していると汚染のリスクがあります

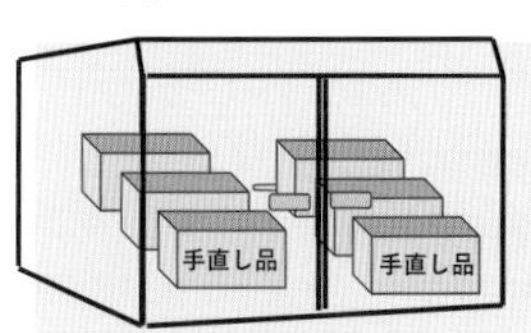

手直し品は、廃棄物とは十分に離れた場所で専用の倉庫に保管

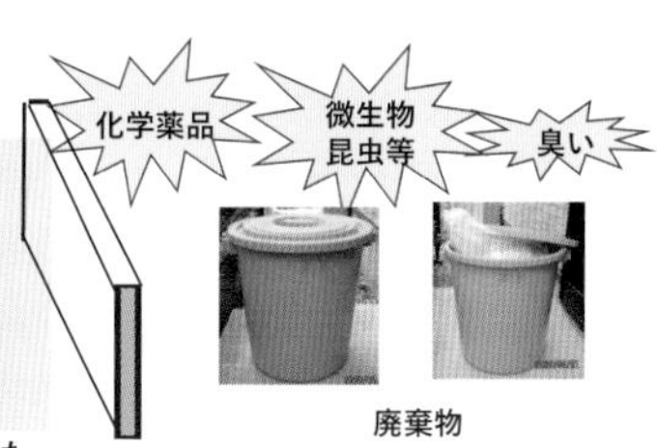

廃棄物

▶ポイント◀ 057

① ゴミ容器は蓋のできるものを使用し、蓋はしっかりと閉めます。蓋が閉まっていないと、カラスやイヌ、ネコ、ネズミ等食品にとって有害な小動物を引き寄せることになります。

② 生ゴミを入れたゴミ袋は床に直置きしないようにします。ゴミ袋からもれた汁等が床を汚すだけではなく、ハエやゴキブリ等を呼びよせる原因となります。

廃棄物の動線

悪い例

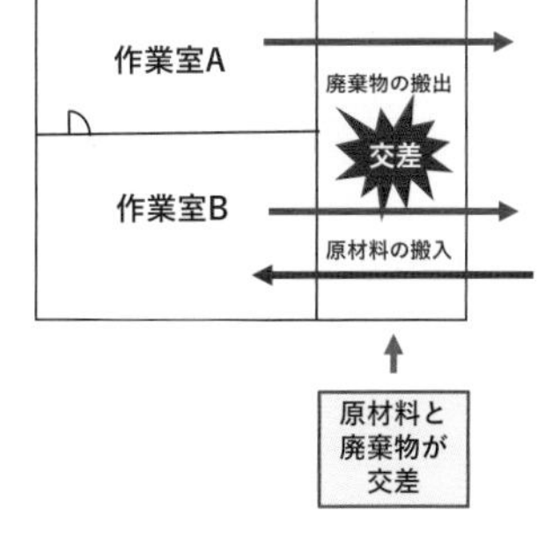

良い例

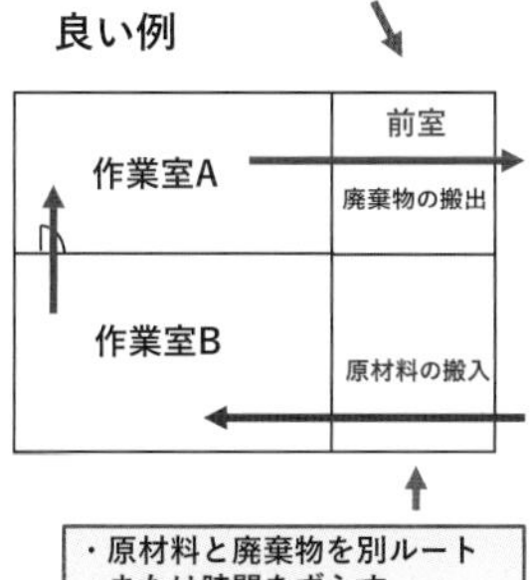

▶ポイント◀ 058

① 人や廃棄物がどのように移動するか把握し、実態に沿って改善します。

② 前室を設置できない場合には、原材料の搬入と廃棄物の搬出とを時間をずらして交差汚染が発生しないように工夫します。

4-4-4　従業員の衛生設備

従業員用の衛生設備は、食品安全上のリスクを最小限に抑えるように設計され、運用されなければならない。

特に、食品を取扱う従業員のための衛生設備には、通勤用の靴から構内履きへ履き替えるための靴箱、シューズロッカー、更衣室、トイレ、食堂、休憩室が該当する。これらは、製造・加工の現場に汚染や異物を持ち込まないよう、常に清潔にして整頓しておかなければならない。

▶ポイント◀ 059

下履きを入れる靴箱と内履きを入れるシューズロッカーの区分けなどを徹底して、異物や汚染物を持ち込まないことが重要です。

更衣室の清掃

(1) ロッカー内の管理はルールを決めて従業員各自で遵守
(2) ロッカーの上・隙間にゴミが溜まらないよう定期清掃
(3) 床は”お掃除ロボット”が活躍

床のスノコは、その下に毛髪やゴミが蓄積するので設置しない！

ロボット掃除機

▶ポイント◀ 060

① ロッカー室は、何も置かずにフラットにすることで、清掃がしやすくなります。

② また、ロッカーの上には、安全上の観点からも物を置かないようにします。

トイレの清潔

トイレは定期的に清掃・消毒しましょう！

▶ポイント◀ 061

ノロウイルスの流行シーズンには、トイレ使用後の手洗いを 2 回繰り返すことを推奨しています（食品安全委員会）。あるいはノロウイルスを死滅させる殺菌剤（ヨード系消毒剤や次亜塩素酸）を使用します。なお、ノロウイルスは消毒用アルコールでは、死滅しないので注意しましょう。ただし、近年ではノロウイルスの死滅に有効な成分を添加したアルコール製剤も市販されています。

トイレの衛生管理:ノロウイルス対策

作業着のローラー掛け

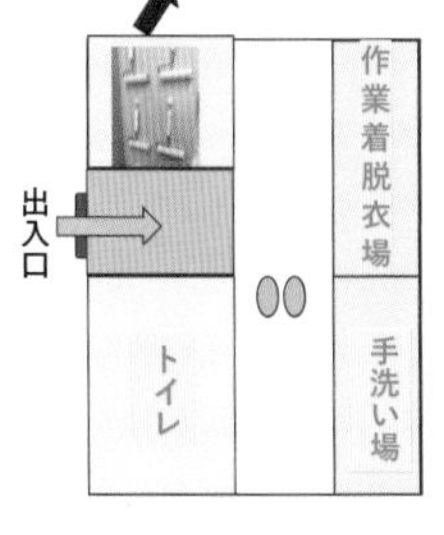

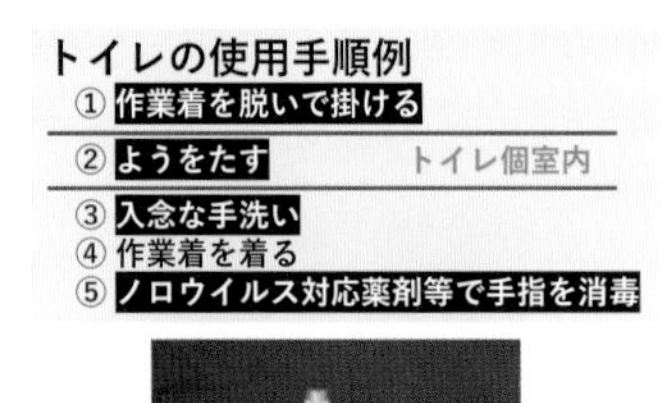

ノロウイルスに効果がある薬剤を噴霧

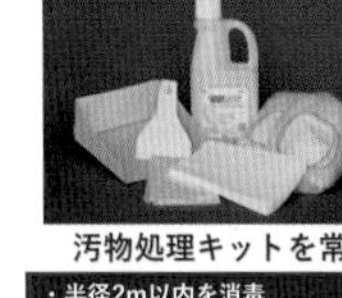
汚物処理キットを常備

・半径2m以内を消毒
・嘔吐物は高さ1.6mまで飛散する
・立ち入り禁止

▶ポイント◀ 062

① 複数の人が使用するトイレは、最もリスクが高い交差汚染源のひとつです。

② 工場従業員と外部の人が使用するトイレは別々にしておくことが望まれます。

4-4-6　空気の質および換気

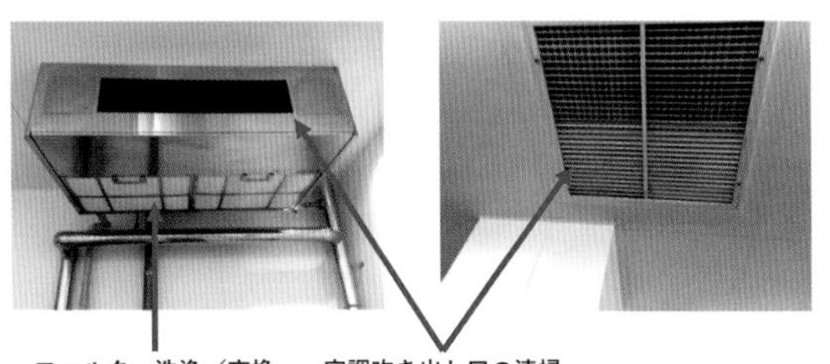

フィルター洗浄／交換　　空調吹き出し口の清掃

ホコリ・カビ・微生物を撒き散らしていませんか？？？

汚れが確認された場合は、すみやかに交換･洗浄

▶ポイント◀ 063

空調機は、定期的に清掃・洗浄して、その記録もつけます。

4-4-8 保管設備

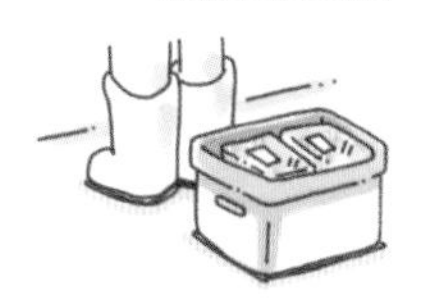

製品の床への直置きは禁止

原材料や仕掛品は先入れ先出し

調理済食品の保管は
交差汚染に注意

化学薬品は保管場所を決め、
食品と区別

▶ポイント◀ 064

特に、廃棄物や洗浄剤、潤滑油および殺虫剤などの化学薬品や、不適合製品は隔離することが重要です。

整理されている原材料保管庫

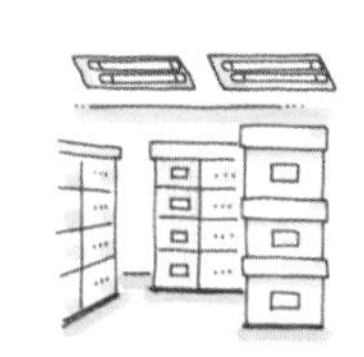

整理されている製品保管庫

整理されている資材保管庫

▶ポイント◀ 065

保管中の交差汚染を防止するため、原材料、製品および資材などは、壁やついたて等で隔離します。また保管場所は常に整理整頓清掃を行います。

5. 食品の取り扱い工程

5-1 食品危害の管理：HACCPシステムで解説
5-2 衛生管理システムの重要な側面
　5-2-1 時間と温度の管理
　5-2-2 個別の加工工程：冷却、加熱、濃縮、乾燥、真空、包装
　5-2-3 微生物学的およびその他の仕様
　5-2-4 微生物学的な交差汚染
　5-2-5 物理的および化学的な汚染
5-3 受入れ品に対する要件：規格書、目視検査
5-4 包装

▶ポイント◀ 066

食品の取り扱い工程において以下の項目と次のスライドの項目をチェックします。

5-5 水
　5-5-1 食品との接触
　5-5-2 水のランク特性
　5-5-3 氷および蒸気
5-6 管理および監督
5-7 文書化および記録
5-8 回収手順

▶ポイント◀ 067

回収手順も決めておきます。

5. 食品の取り扱い工程

- 適切な管理が行われたものを仕入れ、衛生上の観点から品質、鮮度、表示等について点検し、点検状況を記録する
- 原材料（特に生鮮物）の保管に当たっては、使用期限等に応じ適切な順序（先入れ、先出し等）で使用する
- 原材料および製品について自主検査を行い、規格基準等への適合性を確認し、その結果を記録する
- 原材料として使用していないアレルギー物質が製造工程において混入しないよう措置を講ずる ⇒ 後ほど詳しく説明

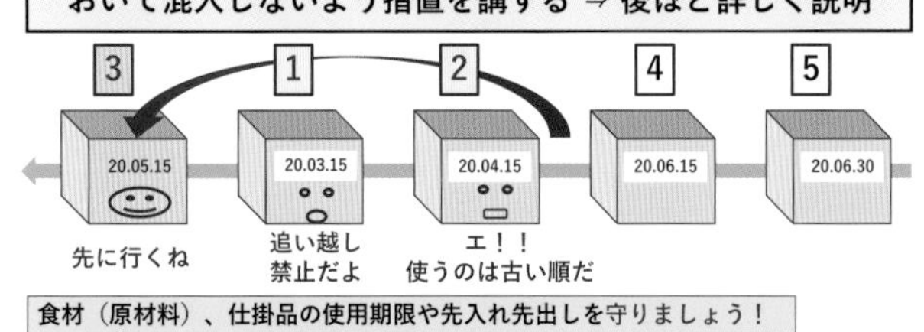

食材（原材料）、仕掛品の使用期限や先入れ先出しを守りましょう！

▶ポイント◀ 068

点検すべき項目を決め、記録すべき項目は必ず記録しなければなりません。

アレルギー物質の混入も注意すべき項目です。

5-2-1　時間と温度の管理

決められた処理量、冷却温度と冷却時間を守ること！

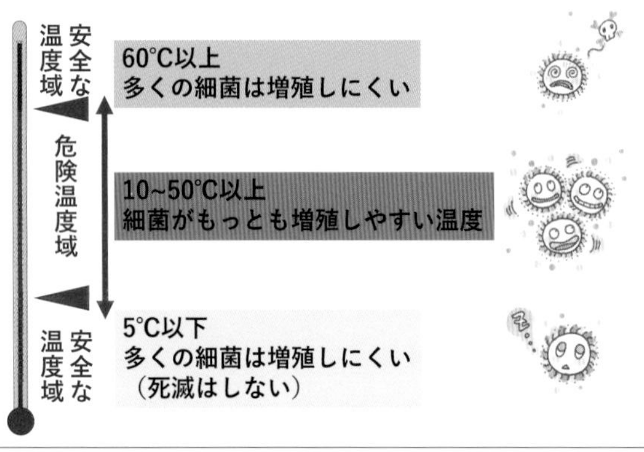

▶ポイント◀ 069

冷却温度と時間は、処理する食品の量に関連していますので、一度に処理する量および時間を決めることが重要です。

5-2-2　個別の加工工程

加熱温度や保管温度を正しく測ること！

▶ポイント◀ 070

食品を加熱した場合、その中心温度が設定した温度に達しているかを確かめ、記録しておくことが必要です。

作業中に『何かおかしい』と感じた場合は、責任者にすぐに報告すること！

▶ポイント◀ 071

作業する人の「気づき」がとても重要です。いつもと違うと感じたときは些細なことも責任者に報告しましょう。

床、排水溝の清掃を怠らないこと！

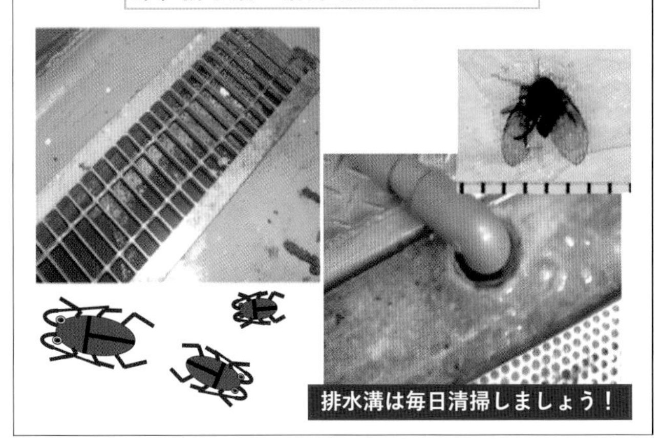

▶ポイント◀ ―――― 072 ―

排水溝は、細菌や昆虫などの絶好の生息場所です。こまめに掃除しておきましょう。

ゴミは決められた場所や方法で保管すること！

ゴミ箱の取扱い：色分け、設置場所、処理

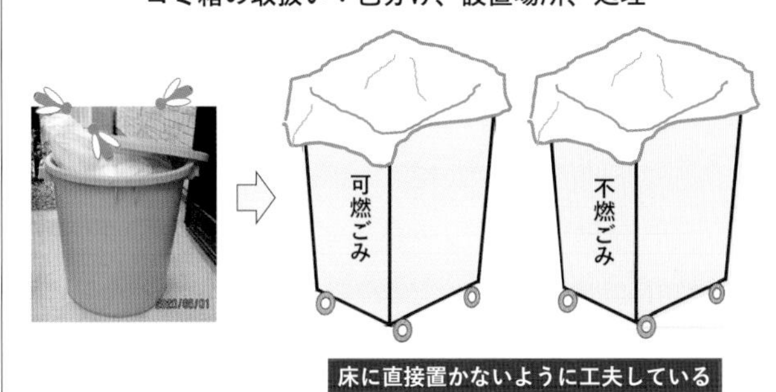

床に直接置かないように工夫している

▶ポイント◀ ―――― 073 ―

ゴミ箱の設置にも注意しましょう。直接設置するより可動式のほうが掃除をするのにも効率的です。また、蓋をしないで外部に出した場合には、昆虫やネズミを呼び寄せることになります。

床の衛生（清掃）・乾燥（ドライ化）

床に残水があると、使用前でも多くの大腸菌群が検出されることがある。特に釜やシンクの周辺は念入りに洗浄する。また、洗浄後はできるだけ早く乾燥させる。

残水があると、微生物が増えるので注意！

▶ポイント◀ ―――― 074 ―

製造室の湿度を下げるためには作業終了後、水切りやモップ等で確実に水を除去した後に、空調設備（除湿機）を使うと効果的です。

5-2-3 微生物学的およびその他の仕様

生物的危害要因の例：食中毒菌

食中毒菌・ウイルス	特徴	主な原因食品	死滅温度
ノロウイルス	食品取扱者を介した汚染が多い。その他にカキやアサリ等の二枚貝がある。少量のウイルスでも発症する。アルコールは効果がない。	貝類、弁当、刺身、寿司、サラダ、パン等	85℃～90℃、90秒以上
カンピロバクター	家畜や家きん類の腸管内に生息し、食肉（鶏・豚）や臓器および飲料水を汚染する。	食肉（特に鶏肉）、飲料水、生野菜等	75℃以上、1分以上
サルモネラ菌	動物の腸管、自然界（川、下水、湖等）に広く分布している。	卵、またはその加工品、食肉（レバー刺し）、うなぎ等	75℃以上、1分以上
腸管出血性大腸菌	動物の腸管内に生息し、糞便等を介して食品や飲料水を汚染する。	井戸水、牛肉、牛レバー刺し、ユッケ、ハンバーグ、牛タタキ、白菜漬け、サラダ等	75℃以上、1分以上
腸炎ビブリオ	海（河口部、沿岸部）に生息。真水や熱に弱い。室温でも速やかに増殖する。	魚介類（刺身、寿司、魚介加工品）	70℃以上、1分以上
黄色ブドウ球菌	ヒトを取り巻く環境に広く分布し、健常人の鼻腔、咽頭、腸管等にも生息しており、保菌率は約40％である。手指の化膿巣には本菌が多量に存在する。本菌の毒素は耐熱性が高く、通常の殺菌では失活しない。	にぎりめし、寿司、肉・卵・乳等の調理加工品（ヒトの手を介した調理品）	63℃、30分
セレウス菌	芽胞を形成する細菌で、土壌や空気及び河川水等の自然界に広く分布する。嘔吐型と下痢型の毒素を産生する。	穀類及びその加工品（焼飯類、米飯類、麺類）、その他複合調理品（弁当、調理パン）	90℃、1時間加熱でも生残
ウエルッシュ菌　芽胞	芽胞を形成する細菌で、ヒトや動物の腸管内、土壌や下水等自然界に広く分布する。	カレー、シチュー、パーティーや旅館等の複合調理品、及び大量調理食品	100℃、1～6時間でも生残
ボツリヌス菌	土壌、河川、海洋等自然界に広く分布。芽胞は低酸素状態に置かれると毒素を産生する。毒素は神経麻痺症状を起こし、死に至ることもある。	いずし、保存食品、発酵食品、辛子レンコン等（乳児ボツリヌス症は蜂蜜、自家製野菜スープ）	120℃、4分以上

▶ポイント◀ ―――― 075 ―

生物学的な危害要因である食中毒菌の一覧と主な原因食品および死滅温度を挙げてみました。

5-2-5　物理的および化学的な汚染

化学的危害要因の例

危害要因	発生要因	主な管理手段
フグ毒	有毒部位の使用	ふぐ調理師免許者により調理
貝毒	原材料（二枚貝）の汚染	納入者の保証書・検査成績書・自主検査 貝の採取海域と年月日の確認
ソラニン	ジャガイモの発芽部位の使用 発育不良のジャガイモの使用	発芽部位の除去、受け入れ時確認
カビ毒	原材料（輸入とうもろこし、輸入ナッツ、輸入香辛料）の汚染	納入者の保証書・検査成績書・自主検査
ヒスタミン	赤身魚上での腐敗細菌の発育	手施設な温度管理と新鮮な赤身魚の使用
食品添加物 保存料（二酸化硫黄、ソルビン酸等）、強化剤（ニコチン酸等）、発色剤（亜硝酸ナトリウム等）	添加物規制に適合しないもの、過剰使用	添加物製造者の保証書、正確な計算
指定外添加物	指定添加物との混同	納入者の保証書
殺虫剤・除草剤	原材料・半製品ん・製品への混入	適正な保管と使用、表示による誤認の防止
殺菌剤・潤滑油・塗料・洗剤	不適正な使用方法	使用方法の厳守、取扱者の教育訓練

▶ポイント◀ 076

化学的な危害要因の一覧と発生要因および主な管理手段を挙げてみました。

化学的危害要因の例（食物アレルゲン）

食品への表示義務があるアレルゲン

規制	特定原材料	理由
省令7品目	卵、乳、小麦、えび、かに	発症件数が多いため
	そば、落花生	症状が重くなることが多く、生命にかかわるため

アレルゲンは感作された人にとって危害要因

▶ポイント◀ 077

① 日本国内では、食品へのアレルゲンの表示ルールがあります。

② ここに示した7品目は表示義務があるもので、また、これとは別に表示が推奨されている21品目もあります。これらを含む原材料、仕掛品の取扱いルールを決めて徹底します。

③ 万が一これらのアレルゲンが表示されていない食品にアレルゲンが混入してしまうと、消費者の命にもかかわることを認識します。

物理的危害要因の例

危害要因	発生要因	主な管理手段
金属片 機械器具の部品、食品取扱者の貴金属・ボタン、注射器の破片等	製造・加工施設、機械器具の破損片の混入、混入した原材料の使用	製造・加工施設、機械器具の保守点検、マグネット・金属探知機の使用、原材料の保証書、フィルターの使用
ガラス片	破損したガラス製器具の混入	破損時の破片飛散防止措置、プラスチック製器具の使用、ガラス製器具の適正な配置、フィルターの使用
食品取扱者由来の物品（宝石、筆記用具等）	食品取扱者の紛失	衛生教育の徹底、不要な物品の持ち込み禁止
注射針・散弾破片	混入した原材料（食肉、食鳥肉）の使用	金属探知機の使用、目視による確認、フィルターの使用
ワイヤ、クリップ	袋入り原材料への混入	目視による確認、マグネットの使用

▶ポイント◀ 078

物理的な危害要因の一覧と発生要因および主な管理手段を挙げてみました。

物理的危害要因（異物）の発生源

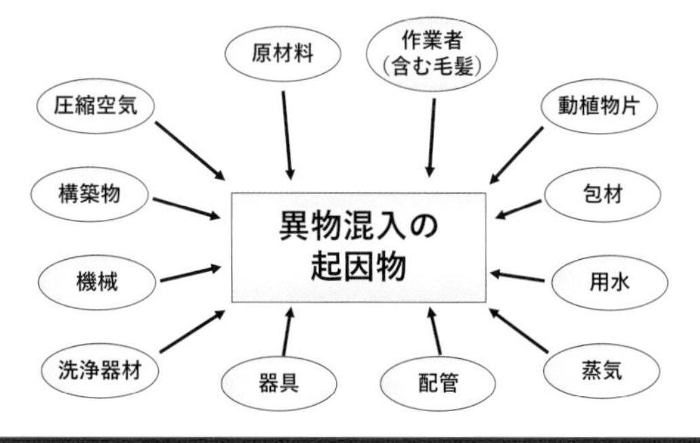

物理的危害要因：金属片（錆び）、ガラス、石、硬質プラスチック

▶ポイント◀ 079

工場内では、異物混入につながるような発生源があります。入れない、持ち込まない対策が重要です。

交差汚染

原材料（容器包装資材を含む）、半製品、仕掛品、再生品、手直し品および最終製品の汚染および交差汚染を防止する手順を、微生物、薬剤、アレルゲンを含む食品安全のあらゆる側面を網羅して定めなければならない。

交差汚染防止の検討事項

- 原材料と製品の隔離の可能性
- 壁や建物および仕切りによる作業場の物理的な分離の必要性
- 食品取扱者の更衣室等、作業場への入場管理の必要性、動線（人、製品、原材料、器具、廃棄物）、装置の配置についての変更の必要性

▶ポイント◀ 080

交差汚染の可能性は、原材料、半製品、仕掛品、再生品、手直し品と最終製品など多岐にわたりますので、詳細な検討が必要となります。

交差汚染の防止
洗っていない調理器具類を使い回すのはやめましょう！
「生肉や魚」と「そのまま生食できる野菜」を同じ調理器具で同時に調理しない

▶ポイント◀ 081

食中毒防止にもつながりますが、生の肉や魚と、非加熱で摂取する野菜は同時に調理しないことです。

食品工場のレイアウト例
スライドドア
入荷口
原材料冷凍庫
原材料冷蔵庫
原材料常温庫
従業員ロッカー室
出荷口
出荷準備室
グラインダー
計量
成型機
コンベアーオーブン
エアーカーテン
急速冷却室
真空パック室
金探
冷凍庫
手洗い場
製品冷凍庫
梱包
包材庫

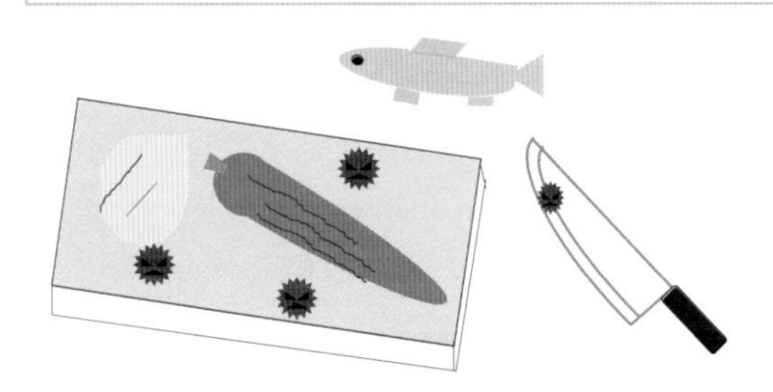

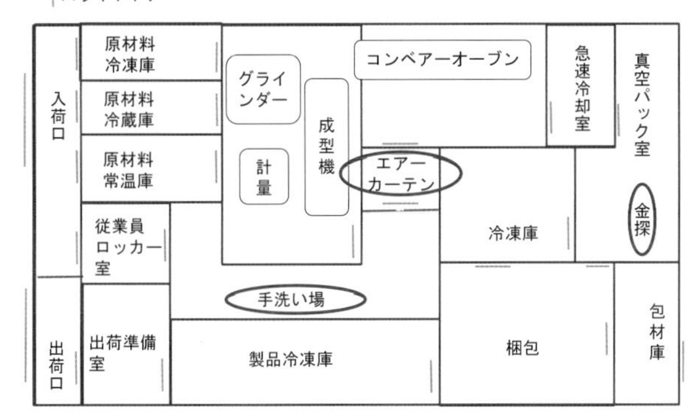

▶ポイント◀ 082

① 製造室の工程図をもとに、空気の流れ、人の移動および物の移動を明確にして、動線図を作成します。
② 製品の特性や汚染の可能性を考慮して、空気・人・物の移動に伴う交差汚染の可能性を動線を用いて評価します。
③ 評価の結果、交差汚染防止に対する管理手段を策定します。

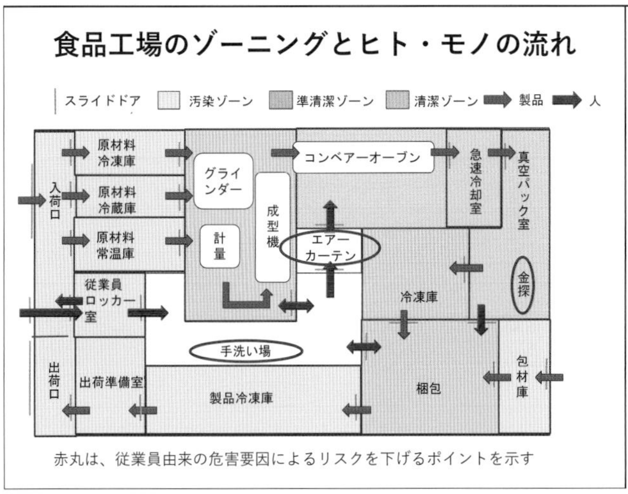

食品工場のゾーニングとヒト・モノの流れ
スライドドア
汚染ゾーン
準清潔ゾーン
清潔ゾーン
製品
人
入荷口
原材料冷凍庫
原材料冷蔵庫
原材料常温庫
従業員ロッカー室
出荷口
出荷準備室
グラインダー
計量
成型機
コンベアーオーブン
エアーカーテン
急速冷却室
真空パック室
金探
冷凍庫
手洗い場
製品冷凍庫
梱包
包材庫
赤丸は、従業員由来の危害要因によるリスクを下げるポイントを示す

▶ポイント◀ 083

動線の検討ポイント

① 原材料と製品の隔離の必要性
② 壁や建物による作業者の物理的な分離の必要性
③ 食品取扱者の更衣室等、作業場への入場管理の必要性
④ 動線（人、製品、原材料、器具）、装置の配置についての変更の必要性を考えます。

5-4　包装

製品の包装と保管

由来が明らかで用途に適した容器包装資材を、製品を汚染しないように保管し、使用しなければならない。
生物的、化学的、物理的汚染が最小限となるように、製品を取り扱い、仕分けし、格付けし、包装しなければならない。
製品の汚染を最小限にするために、指定された場所に保管し、適切な条件で取り扱わなければならない。

製品の保管庫

▶ポイント◀ 084

包装では、資材の保管のときから汚染に気を付けて取り扱いましょう。

在庫の管理

原材料（容器包装資材を含む）、半製品、仕掛品、再生品、手直し品および最終製品が決められた順序かつ保存可能期間内で使用されるための仕組みを確立し、汚染されることなくかつ劣化しない保管条件で保管しなければならない。

原材料、半製品、仕掛品、再生品、手直し品および最終製品の保管場所、保管方法の例

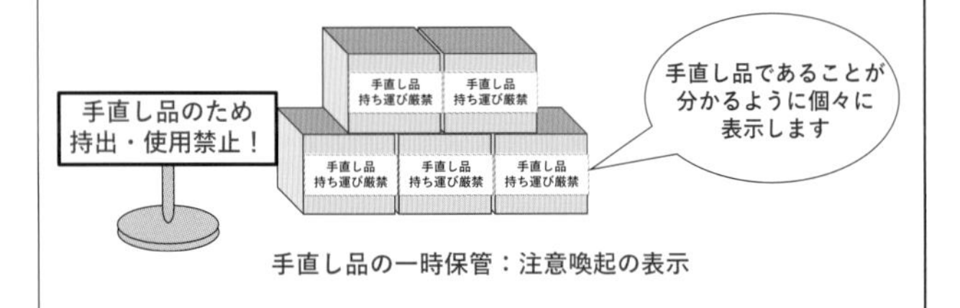

手直し品の一時保管：注意喚起の表示

▶ポイント◀ 085

① 手直し品も通常の原材料や製品と同様に、製品の安全性、品質、トレーサビリティ（ある日の原料が、どの製品に使われているか？追跡できる状態）、法令規制要求事項を遵守することが必要です。

② 再利用品や再加工品については、その原料となる手直し品の保管方法、取扱い方法、使用方法を明確にする必要があります。

容器・包装の管理

受入 → 保管 → 使用

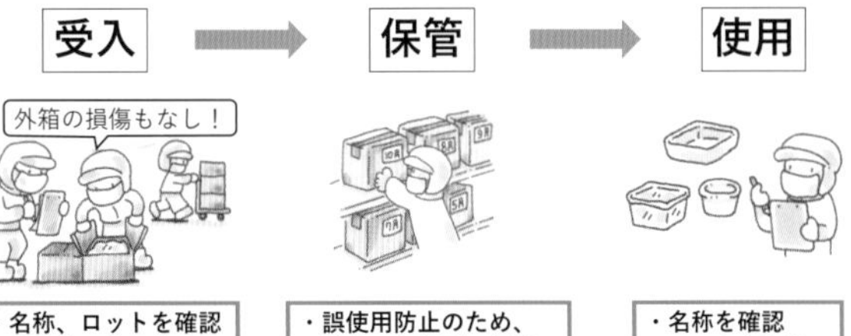

受入
- 名称、ロットを確認
- 発注数と納品数の一致を確認
- 外装の損傷を確認

保管
- 誤使用防止のため、決まった場所に保管
- 仕掛かり品は害虫やホコリが侵入しないようにしっかり密封

使用
- 名称を確認
- ロットを記録
- 使用数と残数を確認

容器・包装の使用間違いは、食品の保存性が損なわれたり、アレルゲンの誤表示による事故や回収につながる！

▶ポイント◀ 086

容器包装を使用する際は、万が一容器に問題があることが後から判明した場合にも対象製品を特定できるように容器の名称やロットを記録します。

容器・包装材料受入れ管理表の例

（日付）※西暦（年）（月）（日）　確認者名　記録者名

容器・包装材料受入れ管理表

【商品名、数量、使用期限は発注担当部署が記入。判定については受入れ担当者が記入】

容器・包装材料名	数量		使用期限		外観（傷、汚れ）	担当者
	予定	判定（○or×）	予定	判定（○or×）	○or×	

特記事項
（記入例）●●調味液に凹みあり。品質管理課に連絡し確認。結果、1缶返品した。

▶ポイント◀ 087

手直し品は使用ルールを決めて、記録します。

5-5　水：水や氷の管理

食品製造に使用する水(蒸気と氷を含む)は、用途によって要求する基準を定め、定期的にモニタリングし、記録しなければならない。食品に加える水、および食品に接触する可能性のある水は、食品グレードのものとしなければならない。 水を取り扱う施設、器具、および取扱い方法は、汚染を防止できるものでなければならない。

▶ポイント◀ 088

① 水や氷の管理はモニタリングと記録がポイントとなります。

② 食品に接触する可能性のある水は食品グレードのものを使いましょう。

1）食品製造用水（飲用適の水）
- 水道水の使用
- 水道水であっても貯水槽を使用する場合には、定期的に清掃と検査を行う

2）井戸水の衛生管理
- 殺菌装置、浄水装置の定期的確認、記録
- 定期的な水質検査
- 飲用不適の場合には直ちに中止し、保健所の指示に従う

3）氷の衛生管理
- 飲用適の水から作り、衛生的に取り扱う

色・濁り・においを確認する

▶ポイント◀ 089

① 各工程を担当する従業員は製造時に水の状態を確認し、濁りがあったり、臭気があったり、味がおかしい等と感じた場合は、直ちに管理者に報告します。

② 製氷機の内部にカビが発生する場合もありますので、定期的に清掃洗浄します。

飲用適の水で指定されている水質検査項目

項目	基準値	項目	基準値	項目	基準値
一般細菌	100個/mL	フッ素	0.8	イオン界面活性剤	0.5
大腸菌群	不検出	有機リン	0.1	フェノール類	0.005
カドミウム	0.01	亜鉛	1.0	有機物等（全有機炭素（TOC)の量）	3
水銀	0.0005	鉄	0.3	pH値	5.8～8.6
鉛	0.1	銅	1.0	味	異常でない
六価クロム	0.05	マンガン	0.3	臭気	異常でない
ヒ素	0.05	塩素イオン	200	色度	5度
シアン	0.01	カルシウム・マグネシウム（硬度）	300	濁度	2度
硝酸性窒素及び亜硝酸性窒素	10	蒸発残留物	500		

▶ポイント◀ 090

水道水を除いて、井戸水を使用している場合には、定期的に水質検査を実施します。

5-8　回収手順

- 食品衛生上の問題が発生した場合には、消費者の健康被害を未然に防止するため、問題となった製品を迅速かつ適切に回収できるように、責任体制、具体的な回収方法等の手順を決め、かつ保健所へ報告する（必須）。
- 食品衛生上の危害が発生した場合には、回収された製品の廃棄、その他必要な措置を的確・迅速に行う。
- 回収された当該品は、通常製品と明確に区別して保管し、保健所の指示に従って適切に廃棄等の措置を講ずる。
- 回収等を行う際は、消費者への注意喚起のため回収等に関する公表について考慮する

手順書を作成しましょう！

▶ポイント◀ 091

① 食品衛生上の問題が発生した場合には、対象の製品を迅速かつ適切に回収できる具体的な回収方法を決めておき、保健所に報告することが重要です。

② 決定したことは手順書を作り保管しておきましょう。

6. 施設：メンテナンスおよびサニテーション

6-1　保守管理および洗浄
- 6-1-1　一般：適切な整備・維持
- 6-1-2　洗浄の手順および方法

6-2　洗浄プログラム

6-3　有害生物の管理システム
- 6-3-1　一般：食品の安全性と適合性の確保（衛生規範）
- 6-3-2　侵入の防止
- 6-3-3　害虫の生存および繁殖
- 6-3-4　監視および検出
- 6-3-5　駆除

6-4　廃棄物の管理：食品製造区域に蓄積させない

6-5　実効性の監視：作業工程の定期的な検証

▶ポイント◀ 092

施設のメンテナンスとサニテーションについては、ここに示しました 5 項目がポイントとなります。

6-1　保守管理および洗浄

製品の安全上重要な全ての設備を計画的に保守する仕組みを確立

■始終業点検チェック表　　20　　年　　月　　日（　）

工場長	リーダー

★以下を確認！
- ✔ 破損や劣化はないか
- ✔ 異物や汚れはないか
- ✔ 問題なく作動するか
- ✔ 普段と違いはないか

〇：問題なし
×：問題あり　⇒　備考欄に内容を記入、リーダーに報告　⇒　対応内容を備考欄に記入

ライン	確認個所	始業点検	終業点検	実施者・備考欄
A	ミキサー			【始業点検実施者：　】
	ミキサー周辺・フロア			【終業点検実施者：　】
	ミキサー横流し台			【備考】
	流し台周辺			
	真空フィルター			
	プールコンベアー			
	シートロール			
	合わせロール			
	麺棒			
	圧延機			
	ミキサー横階段			
	真空水冷モーターの水			

※Cライン真空モーターの水は始業点検時に捨ててください！

▶ポイント◀ 093

まず保守管理と洗浄ですが、製品の安全上重要な設備を計画的に保守する仕組みを作ることです。チェックリストを作成しておきましょう。

機械・設備等の衛生：洗浄の目的

- 食品工場における洗浄の目的は、製造加工施設や設備・環境の汚れと有害微生物を除去すること
- 洗浄のみでは、微生物などの完全除去は難しい
- 洗浄により、微生物などの汚染レベルを低下させることにより、その後の殺菌作業の効果を増大させる

アルカリ性洗剤　有機物：タンパク質、油脂・脂肪、炭水化物

無機酸化物：Ca, Mg, Fe, Si

設備・装置類の洗浄：汚れに適した洗剤を選択する

▶ポイント◀ 094

次亜塩素酸塩の例

① 洗浄・殺菌剤を使用するときは、消毒液が直接皮膚に触れないように樹脂製（ビニール等）の手袋および保護メガネを着用します。

② 消毒液が皮膚や衣服についた場合は、直ちに水で洗い流します。

③ 使用するときは、換気を十分に行います。

④ 他の洗剤と混ぜると危険な場合があります。特に酸性の強い洗剤と混ぜると有毒ガスが発生しますので注意します。

洗浄方法の一覧

洗浄方法	内容
手洗い法 ブラッシング洗浄	スポンジ、研磨ブラシ等を使って手洗いで汚れを落とす方法。油脂の炭化した「焦げ付き」の汚れを落とすのに有効。浸漬法と併用される
浸漬洗浄	界面活性剤を最大限に活用して洗浄効果を上げる方法。有機物がこびりついた部品・容器類は、一旦浸漬洗浄をしてから手洗いまたは高圧スプレー洗浄すると効果的
循環洗浄 定置洗浄法(CIP)	パイプラインやタンク内の洗浄に使われ、乳業関係では一般的な洗浄法。レイノルズ数が25,000を超えるととたんに洗浄力が増す
高圧洗浄 スプレー法	噴射流量・噴射速度（衝撃エネルギー）による洗浄。高圧洗浄機で機械装置等の洗浄を行う。汚れを飛散させる欠点あり
超音波洗浄	超音波（振動エネルギー）による洗浄。ほそぼそとした構造の部品洗浄に効果的
フォーム洗浄	発泡洗浄剤とフォームガンを使って汚れを落とす方法。汚れに接する時間が長く、化学力を十分に活用できる。壁面や複雑な構造のライン洗浄に適する。十分なリンスが必要

※防具類（眼鏡・手袋等）の着用、肌の露出を避けること

▶ポイント◀ 095

洗浄方法の特徴を理解して使い分けます。

微生物対策：分解洗浄・殺菌の例

殺菌剤の液からはみ出している

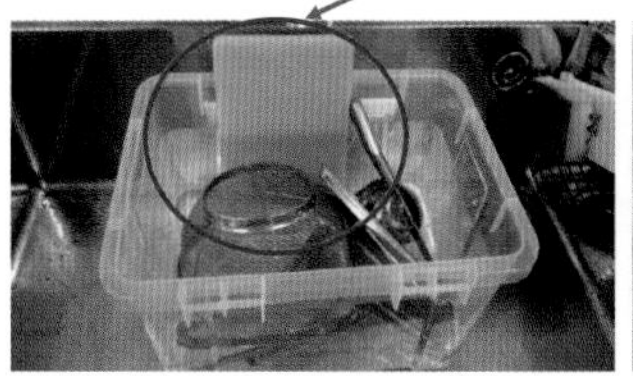

改善前（浸漬不足）

改善後（しっかり浸漬）

殺菌剤へ完全に浸漬させましょう

▶ポイント◀ 096

このスライドは調理器具の分解洗浄・殺菌の例ですが、改善前は殺菌液に充分全体が浸かっていませんでした。これでは殺菌剤の効果が充分期待できません。殺菌剤に漬け込む際は、器具全体が殺菌剤に浸かるようにします。

微生物対策：洗浄できる構造ですか？

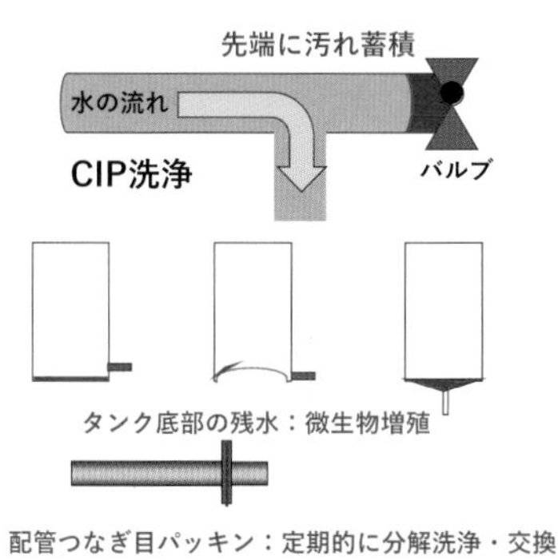

配管つなぎ目パッキン：定期的に分解洗浄・交換

洗浄殺菌の盲点：確認

▶ポイント◀ 097

製造に用いる管やタンク、つなぎ目のパッキンなども洗浄殺菌の盲点となりますので、きちんと確認しましょう。

微生物対策：配管洗浄ブラシの次亜塩素酸による殺菌効果（ATP測定値*）

次亜塩素酸処理時間**	ATP値（RLU）
処理前	41,498
処理後　10分	7,464
処理後　20分	57

*：細菌などの細胞に含まれるATP値を測定する方法で、ブラシの汚れ具合を調べた。ATP測定は、高感度で迅速(約10秒)な方法である。
**：次亜塩素酸は水で200 ppmに希釈して用いた。

▶ポイント◀ 098

次亜塩素酸塩のような殺菌剤とブラッシングを組み合わせて洗浄すると、微生物は劇的に減少します。

6-3　有害生物の管理システム

敷地および施設内での有害生物による食品安全へのリスクを制御または除去する仕組みを確立しなければならない。薬剤を使用する場合は、食品に影響を及ぼさないよう取扱いの手順を定めなければならない。

そ族とは「ネズミ」のことを指す。

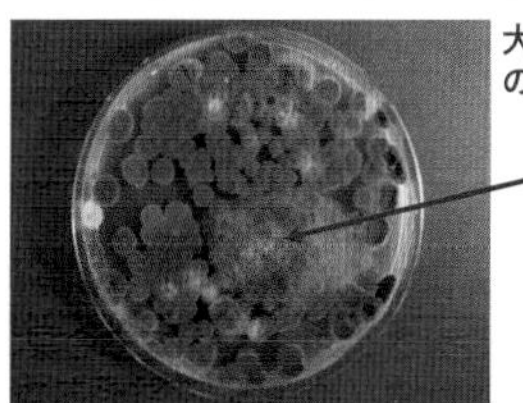

大きなカビのコロニーの中心に昆虫が存在

ヒメマキムシ

食品工場で採取した昆虫の培養シャーレ

昆虫やそ族は微生物の運び屋

▶ポイント◀ 099

① 消費者からのご指摘が多いものの１つが虫の混入です。

② 昆虫の混入防止対策は、異物混入対策の中でも最も重要な課題となります。

昆虫の種類で外部侵入か、内部発生かがわかります

- 外部侵入昆虫
  - 飛翔性　建物の侵入しやすさの指標　ユスリカ科、クロバエキノコバエ科
  - 徘徊性　外周の環境の指標　オサムシ科、ササミムシ科、ワラジムシ科、ダンゴムシ科
- 内部発生昆虫
  - 熱源・隙間　混入の危険度・衛生状態の指標　ゴキブリ類
  - 排水溝等水系から発生　排水系統の汚れの指標　チョウバエ科
  - 有機物・残渣から発生　汚れの指標　ショウジョウバエ科、ノミバエ科、ハヤトビバエ科、ニセケバエ科
  - カビから発生　カビ発生の指標　コナチャタテ科、ヒメマキムシ科
  - 粉や乾燥食品から発生　粉だまりの指標　タバコシバンムシ、ノシメマダラメイガ
  - 昆虫を捕食して発生　昆虫個体群の指標　真正クモ目
- その他
  - 原材料由来　生産・流通・前処理の問題　メイガ科、幼虫等

チャタテムシ

チョウバエ

▶ポイント◀ 100

① 外部侵入昆虫では、侵入のしやすさや外周の環境がポイントとなります。

② 内部発生昆虫では、製造環境を清潔にすることがポイントとなります。

③ 対策も異なりますので、内部発生昆虫か、外部侵入昆虫かを見極めることが大切です。

昆虫は環境のインジケーター

内部発生昆虫

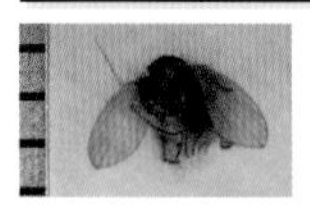

チョウバエ科
汚れた排水の指標

台所や風呂場の排水溝等にこびりついたヘドロや、トイレの下水管、浄化槽等、有機物の多い汚れた水域に広く発生する。

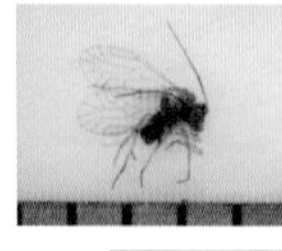

チャタテムシ類
真菌類発生の指標

カビの胞子を餌とし、カビの生える高温多湿時に、湿気のこもる部屋の中で大発生する。カビの生えやすい畳や壁紙、乾燥食品等が発生源となる事が多い。

昆虫の生息場所を探して、清掃・洗浄・殺虫する

洗浄殺虫
・スチーム（65℃、5分以上で死滅）
・発泡洗浄（界面活性剤）

▶ポイント◀ 101

① 近年では、防虫対策として殺虫剤を散布しないケミカルレスによるコントロールが主流となっています。

② 虫の生息環境をコントロールするには、5S活動による清掃、洗浄、清潔が最も大切な取組みとなります。また昆虫は65℃以上の熱水で殺虫します。

外部侵入昆虫の対策

外気取り込み口の防虫対策

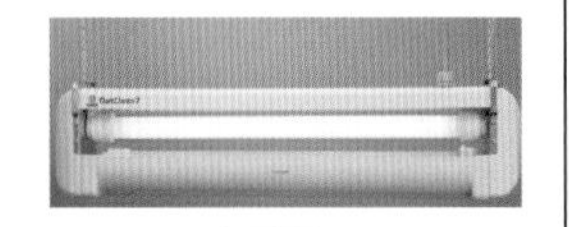

捕虫器

隙間は、必ず補修しましょう

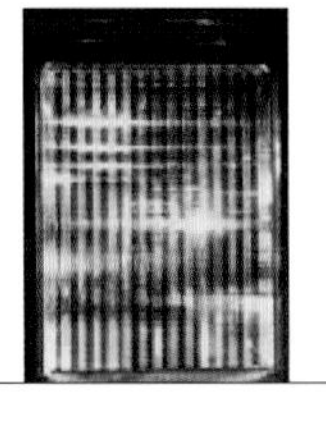

防虫カーテン

▶ポイント◀ 102

① 外部昆虫は光に誘われ、わずかな隙間から侵入します。

② 窓に遮光シートを貼り付ける、窓枠に目張りをする、入出庫箇所のシャッターを２重にしたりエアーカーテンを設置する等の対策をとる工場が多くなってきました。

7. 施設：個人衛生

7-1　健康状態
7-2　疾病および傷害
7-3　個人の清潔度
7-4　個人の行動
7-5　訪問者

▶ポイント◀ 103

個人の衛生では、健康状態、疾病および障害、個人の清潔度、個人の行動、訪問者が関与してきます。

7. 施設：個人衛生

製品特性に応じた汚染リスクに基づく従業員の衛生基準を文書化し、実施しなければならない。そのために、従業員に教育・訓練を行わなければならない。
その中には、手洗い場およびトイレの用意、手洗い方法と頻度、食品安全に影響する健康状態の確認手順、適切な作業服の提供、作業服や履物のルール、製造所への入出方法、食品の取扱方法および異物混入対策を含めなければならない。
これらの要求事項を従業員に周知徹底し、委託事業者および訪問者にも例外なく適用しなければならない。

▶ポイント◀ 104

① 従業員の衛生基準を文書化しておくこと、そして実施することが重要ですので、従業員の教育・訓練は常に基本となります。

② 要求事項の周知徹底はもちろんのこと、委託業者や訪問者にも遵守してもらわなければなりません。

1）従業員の健康管理：
下痢、嘔吐、おう気、発熱、腹痛、病的な耳、目や鼻からの分泌、皮膚の外傷（切り傷、やけど）

2）工場への入場から製造・加工室への移動：
従業員の着替え、トイレの使用

3）手洗い：
徹底とタイミング

4）従業員の身なり・遵守すること：
作業服、ネット帽子、マスク、手袋、作業靴

▶ポイント◀ 105

個人衛生のポイントは、以下の 4 つです。

① 従業員の健康管理

② 工場への入場から製造・加工室への移動

③ 手洗いの徹底とそのタイミング

④ 従業員の身なり・遵守事項

食品取扱者の衛生管理

推奨事項 検便は定期的に受けましょう！

▶ポイント◀ 106

食品取扱者は定期的に検便をしなければなりません。

手指に傷や手荒れがある場合は
手袋を着用しましょう！

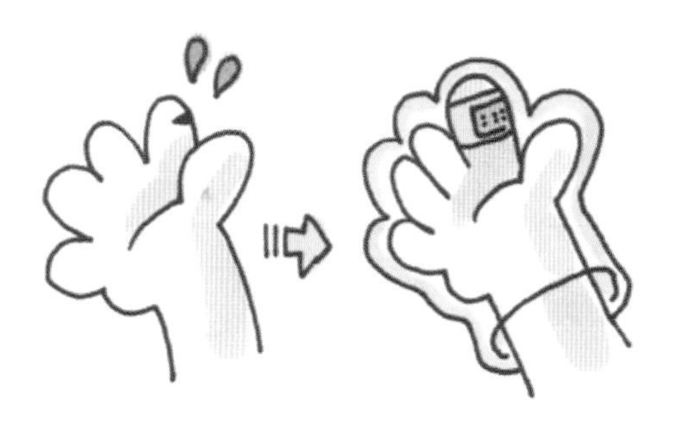

▶ポイント◀ 107

使用した手袋や絆創膏が部分的に欠損していないか、あるいは紛失していないかを作業中や作業終了時に必ず確認します。これらの員数管理は 2 次トラブル防止の上でも重要です。

ヒトの体（特に手）には細菌がいっぱい

【正常な皮膚の細菌数】

ヒト皮膚の場所	菌数（個／cm^2）
手	$2 \times 10^5 \sim 5 \times 10^6$
足	$7 \times 10 \sim 3 \times 10^2$
腹部	$1 \times 10^2 \sim 2 \times 10^3$
胸	$2 \times 10^2 \sim 1 \times 10^3$
額	$1 \times 10^3 \sim 6 \times 10^4$

被検者: 健康な成人男子5名

日本手術部医学会誌 10(3): 439-443, 1989.のデータを引用し作成

▶ポイント◀ 108

作業中は作業服から出ている身体の部分に手指が触れないようにします。触れた場合には、再度手洗いをします。

汚染させない環境施設 「ゾーニング」

段階的に清浄度をアップする(製造室内への移動)

汚染区域
(非管理区域)
汚染空気
ウェット

中間域
汚れの除去
・ローラーがけ
・手洗い消毒
・エアーシャワー
汚れを入れない
・靴の履き替え
・容器の入替え

清浄区域
清浄エアー
室内陽圧
床等のドライ化

汚染源シャットアウト
意識の切り替え

▶ポイント◀ 109

① 製造中は窓やドアを閉めて密閉性を確保します。
② 製造環境を衛生的に保つには床の清掃が重要となります。
③ 作業室の床は排水をよくし、洗浄作業後は乾燥させ室内の湿度を低くすることが重要です。
④ エアシャワーは、「意識の切り替え場所」としても重要な装置です。エアシャワー後の製造室は清潔作業区域だ！と認識します。

工場への入場から製造・加工室への移動

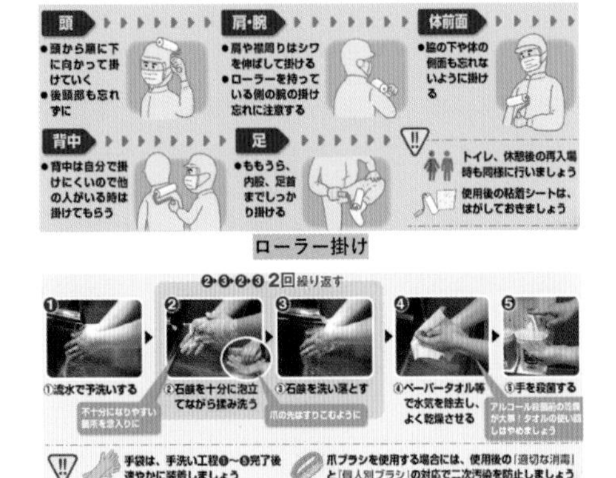

ローラー掛け

手洗い

▶ポイント◀ 110

統一した衛生管理を実現するために、全従業員の作業服は専門業者に委託したり、事業所内で行う等、統一した洗濯方法が望まれます。

終業時の衛生管理

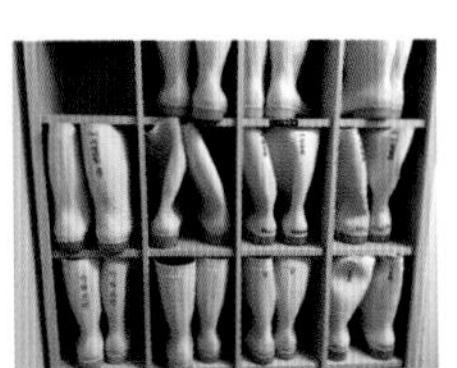
作業靴の整頓

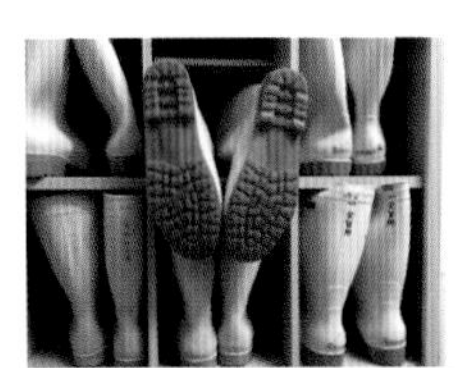
作業靴の裏側の洗浄が重要

作業靴の洗浄

▶ポイント◀ 111

① 靴底の他にもエプロンや手袋等の備品類も作業終了後は微生物の増殖防止のために乾燥させるようにします。
② 事業者は作業靴などの洗浄場所を設置することが推奨されます。

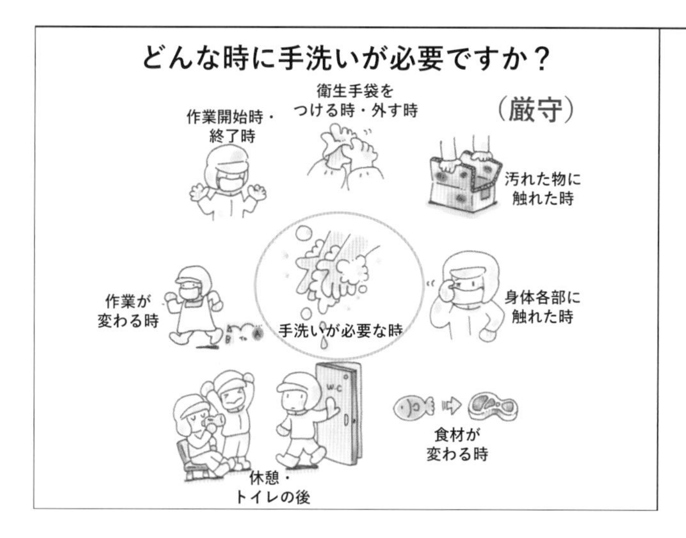

▶ポイント◀ ―――― 112 ―

手洗いの７つのタイミングを遵守することが安全な食品製造の基本です。

「正しい手洗い」の方法

① 流水で軽く手を洗う
② 手洗い用石けん液をつける
③ 十分に泡立てる
④ 手の平と甲を洗う
⑤ 指の間を洗う
⑥ 親指の付け根を洗う
⑦ 指先を洗う
⑧ 手首を洗う
⑨ 爪ブラシで爪の間を洗う
⑩ 流水でよくすすぐ
⑪ ペーパータオルでふく

文部科学省、学校給食調理場における手洗いマニュアルより一部改編引用

▶ポイント◀ ―――― 113 ―

① 冬場の冷たい水は、手洗い時間を短くしてしまったり、十分な手洗いが行われない恐れがあります。手洗い箇所は温水が出るようになっていることが望まれます。
② 手洗い箇所に手洗い方法を掲示したり、タイマーを使うなどして、工場で働く全員が正しく手洗いを行います。
③ 手洗い後は使い捨てペーパーで水を拭き取ることが望まれます。布タオルを全員で使いまわすことは、せっかく綺麗に洗った手を汚してしまうことになりかねません。

正しい手指のアルコール殺菌

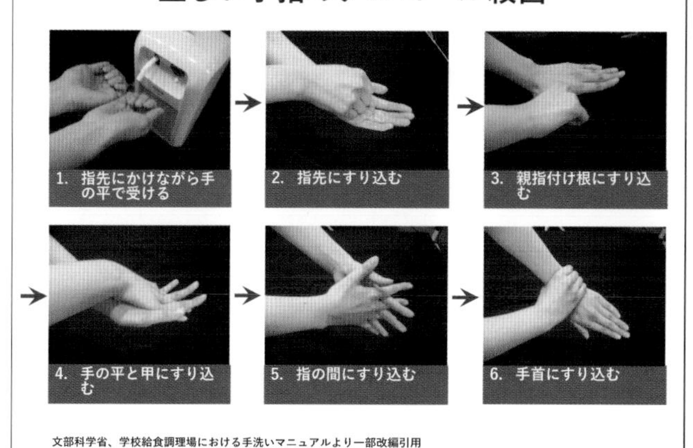

文部科学省、学校給食調理場における手洗いマニュアルより一部改編引用

▶ポイント◀ ―――― 114 ―

① アルコールは、すり込むようにすることで手指のシワまで浸透しやすくなります。
② 手洗い後に手に残った水はアルコールの効果を薄めてしまいます。
③ 手洗い後は手に残った水をしっかりと除いてからアルコール殺菌を行います。

手洗いとアルコール消毒の重要性

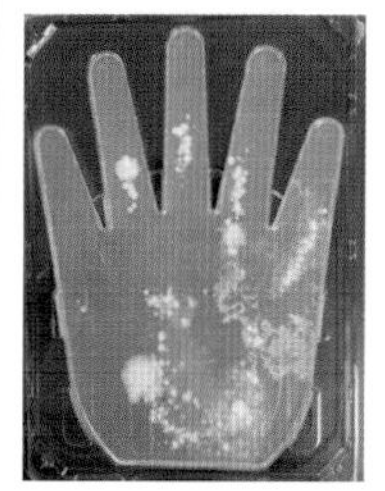

手洗い前

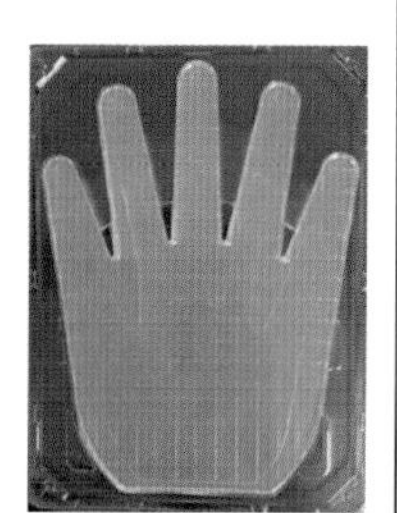

手洗い後（推奨30秒）

乾燥･アルコール消毒後

アルコール消毒をしっかりやりましょう！

イカリ消毒株式会社LC環境検査センター微生物検査課提供

▶ポイント◀ ―――― 115 ―

① 手洗い後、すこし時間が経つと手洗い前と手洗い後の菌の数が変わらないことがあります。これは手洗いによって手指のシワから菌が浮き出てきたときによく見られる現象です。
② アルコールは、手指全体に行き渡るように軽く揉みます。その結果として、手指表層の微生物が殺菌されます。

手袋の着用

殺菌工程後の製品を扱う場合 着色

メリット	デメリット
・手からの二次汚染防止 ・お客様からも安心と思われる ・清潔感がある ・手荒れが防止できる	・異物混入の原因となる ・指先の感度が鈍くなる ・すべり易い ・汗をかきやすい（盲点） ・コストがかかる

手袋・サポーター装着例

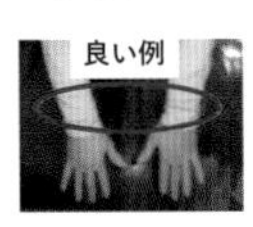

▶ポイント◀ 116

手袋がいつの間にか欠損してしまい、食品に混入させてしまったことはありませんか。手袋は、食品に混入した場合にも見分けができるように着色の物を推奨します。

手袋の着用

汗をかきやすい場合の対策

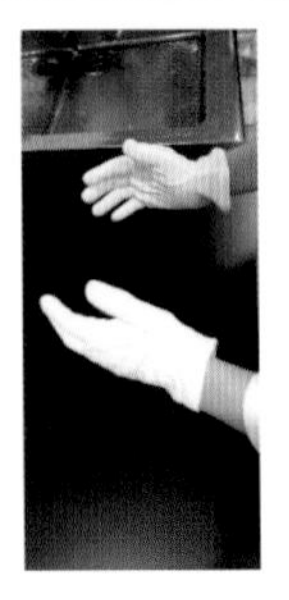

布手袋を着用

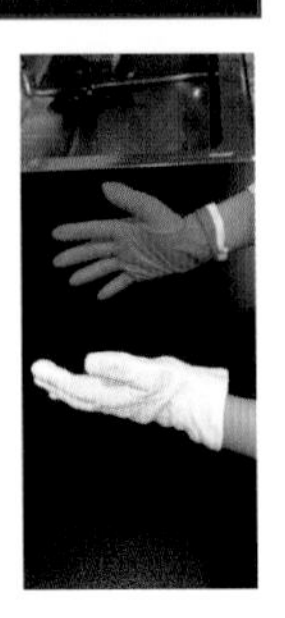

布手袋の上からゴム手袋を着用

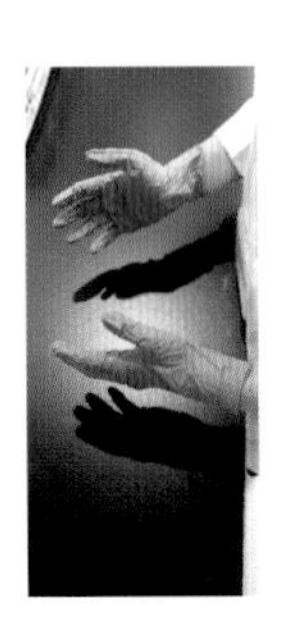

ゴム手袋を着用

▶ポイント◀ 117

汗をかきやすい人には、まず布手袋をしてからゴム手袋をする方法を勧めます。

手袋をはずした直後の手の細菌

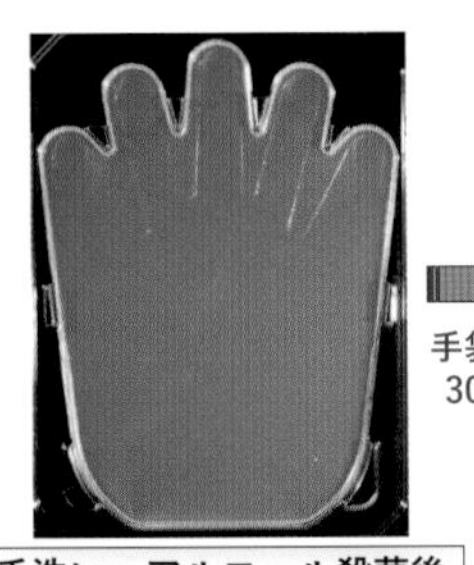

手洗い・アルコール殺菌後

手袋装着30分後

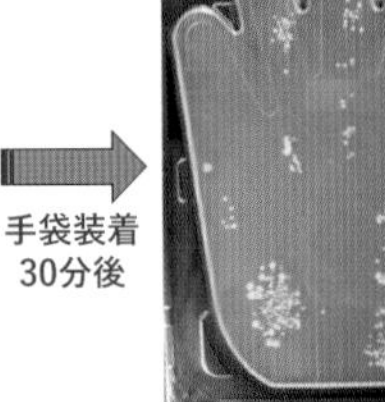

手袋をはずした後（30分装着）

・手荒れ・汗かきのヒトは特に注意！
・手袋を外した後は再度手洗いしましょう！

▶ポイント◀ 118

① 手洗い・アルコール殺菌直後には微生物が検出されていないのに、手袋装着 30 分後には微生物が認められることがあります。特に手荒れや汗かきの人に多い傾向が見られます。

② この現象は、手のしわや手指表層の少し下部に存在していた微生物が汗をかくことにより、浮き上がってきたためです。手袋を外した後も、再度手洗いを実施するようにします。

マスク着用の理由

呼気からの微生物の発生量

飛沫　<5 μm　水分蒸発　飛沫核　ホコリになって浮遊

1 m　落下　>5 μm

WHO Publication/Guidelines: Natural Ventilation for Infection Control in Health-Care Settings 2009より引用

くしゃみ・咳⇒
細菌が飛び散る

口の中の細菌数

齲歯の有無	被験者数	菌数（個／うがい水）
あり	45	2×10^7
なし	19	4×10^7
処置済み	51	2×10^7

被験者: 19~20歳の学生と歯科衛生士
生食20 mLで20秒間うがいした後のうがい水中の細菌数

久留米医学会雑誌 23(7): 2838-2839, 1960.のデータを引用し作成

▶ポイント◀ 119

① マスクは使い捨てのものを使用する方が衛生的です。

② マスクも異物混入にならないように使用前後の員数管理を行います。

鼻腔内には黄色ブドウ球菌が存在

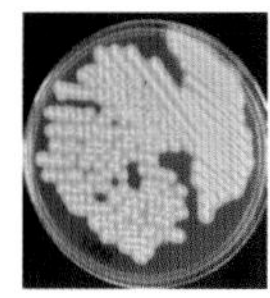

鼻腔内の黄色ブドウ球菌

鼻を出してのマスクの着用

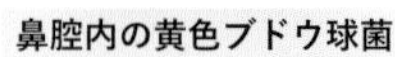

学生鼻腔中の黄色ブドウ球菌検出率

検査日	被験者数	陽性率(%)
1991.1.11	51	22
1991.4. 9	51	22
1991.5. 1	51	22

検査日ごとの被験者は同一人物

福岡医学雑誌88(9): 307-312, 1997のデータを引用し作成

病院職員鼻腔中の黄色ブドウ球菌検出率

被験者数	陽性率(%)
103	46

医療機器学68(10): 529-530, 1998のデータを引用し作成

▶ポイント◀ 120

① 鼻腔には多量の黄色ブドウ球菌がいることが分かります。

② マスクを正しく着用しないと、くしゃみ等で食中毒の原因となる細菌・ウイルスを含む鼻汁、鼻毛で食品を汚染することがあります。特にアレルギー性鼻炎の人は、気を付けましょう。

8. 輸送

8-1 一般
8-2 要件
8-3 使用および保守管理

▶ポイント◀ 121

輸送では、「一般」、「要件」、「使用および保守管理」の項目があります。具体的に見ていきます。

8. 輸送 食品運搬容器の例

原材料（容器包装資材を含む）、半製品、仕掛品、再生品、手直し品および最終製品（最終包装し梱包した生鮮食品を含む）を運ぶための輸送用の容器・車両は、外部委託の車両も含め、使用目的に適合し、かつ整備され、清潔に保つ仕組みを文書化しなければならない。

容易に洗浄・消毒ができる容器にする

▶ポイント◀ 122

① 運搬のための輸送用の容器・車両は、使用目的に適合し、かつ定期的に整備されており、清潔に保たれる仕組みを作っておきます。

② それらを文書化することも必要です。

確認事項

- 荷台の臭気
- 温度・湿度
- 配送時間の管理
- 食品運搬ケースの活用
- 荷台の洗浄・消毒

製品を直接日光にさらしたり、長時間不適切な温度にさらしたりしないよう衛生管理に注意して、適切に販売する。

▶ポイント◀ 123

輸送中に傷んでしまったり、異物が混入してはいけません。しっかりと適切な保管温度と時間を管理し、異物や化学物質が混入しないように対策を行います。

トラック輸送時の例

清掃しやすい構造
定期的に清掃・洗浄ができるように床、壁、天井はステンレスでできていることが望まれる。

データロガーで輸送中の温度を記録
小型のデータロガーをダンボール等に同梱することで、出荷から荷が着くまでの温度変化を知ることができる。

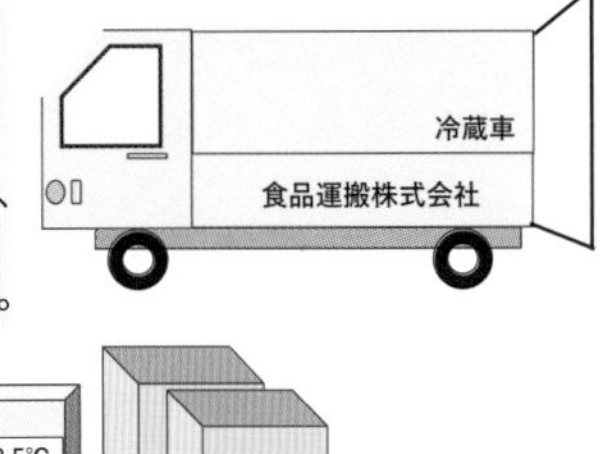

8.5℃
製品

▶ポイント◀ 124

① トラックでの輸送の場合、清掃しやすい構造であることが重要です。

② データロガーという温度を記録する機械を製品に設置し、輸送中の温度をトレースすることができます。

9. 製品情報および消費者の認識

9-1　ロットの識別
9-2　製品情報
9-3　表示
9-4　消費者教育

10. 訓練

10-1　自覚および責任
10-2　訓練プログラム
10-3　指示および監督
10-4　再教育訓練

▶ポイント◀ 125

① 製品情報および消費者の認識においては、ロットの識別は製品リコールに不可欠です。

② 製品情報とは、フードチェーンの次の人が正しく取り扱えるよう（陳列、保管、調理など）その製品に関する正しい情報を製品と一緒に添える書類を、印字します。

③ また、それらは正確な指示とともに表示される必要があります。

④ 消費者にも、食品衛生の知識（時間・温度のコントロール）や食中毒知識などを知ってもらうべきです。

10. 訓練

従業員全員が、それぞれの業務に応じて、食品安全の原則（HACCPを含む）および実務に関する十分な教育・訓練を受けるようにしなければならない。また、従業員が適切に指導および監督を受けるための仕組みを確立しなければならない。この教育・訓練は、従業員が自らの食品安全における役割、取組の意義を認識できるようにしなければならない。

▶ポイント◀ 126

① 従業員は、安全な食品を提供するために設定したルールの目的や効果を理解し、確実に守らなければなりません。

② 食品事故は人的な理由によるものが多く、担当者の慣れや変更点が担当者に伝えられていなかった（担当者が聞いていなかった、知らなかった）ことによる事例が特に多く発生しています。

③ このようなことを防ぐためには、従業員全員が教育を受けられる環境づくりが大切です。教育内容を見える化したり、教育を繰り返し実施したり、実施した教育の効果を確認して必要に応じて教育内容を修正する等、HACCP チームメンバーが中心となって教育環境を整えます。

安全な食品を製造するために！従業員の教育訓練の例

1）食品安全マネジメントシステムについて
2）HACCP：危害要因、重要管理点、管理基準、改善措置
3）食品衛生の一般原則（GMP）について
4）健康管理、手洗いの方法、個人衛生
5）原材料等の衛生的な取り扱い
6）洗浄剤等の化学物質の取扱い方法と安全管理
7）廃棄物の保管および廃棄方法：手順書作成
8）アレルゲンの基礎知識と取扱い
9）関係法令：食品安全基本法、食品衛生法等

朝礼や職場会議等を活用して周知しましょう

⇨ 教育訓練の効果を定期的に評価し、必要に応じてプログラムを修正する

▶ポイント◀ 127

① 誰が、いつ、どのような教育を受けているか、教育記録を残すようにします。

② 記録を残すことで、重要な教育を受けていない人も確認できます。欠勤や休暇中の従業員へのフォローも重要です。知らなかった、聞いていなかった、とならないようにしっかりとフォローします。

【参考資料】

5S活動について

整理、整頓、清掃、清潔、習慣化

▶ポイント◀ 128

衛生管理を従業員にわかりやすく理解してもらうために5つの規範を掲げ、その日本語での頭文字をつかって5S活動という取り組みもしています。

【参考資料】

5S活動：整理、整頓、清掃、清潔、習慣化

全工程・段階を通じて文書化された基準に従い、整理整頓、清掃作業を行い、必要なところは消毒し、衛生状態を常に適切な水準に維持しなければならない。また清掃道具、洗浄剤および殺菌剤は意図した目的に即したものが使用され、適切に保管しなければならない。

製造室の衛生管理は、5S活動で取り組むのも効果的

▶ポイント◀ 129

5番目の「習慣化」のSは、以前は躾とされていましたが、今は習慣化と理解されています。

【参考資料】

5S活動：整理、整頓、清掃、清潔、習慣化

5S	行動	判断	効果
整理	必要なものと不必要なものを区分し不必要なものを捨てる	決断力	・手持ち在庫が減る ・場所を広く有効に使える ・物の紛失が減る ・切り替え、停滞時間が減る ・探す無駄が減る
整頓	所定の場所に置き、表示して直ぐに取り出せるようにする	工夫力	・不安全状態が減る
清掃	ゴミ、汚れ、異物をなくし、綺麗にする。同時に異常の有無を点検する	問題発見力	・設備性能が維持、向上する ・ロスが減少する ・職場環境が良くなる
清潔 （洗浄・殺菌）	汚れのない綺麗な状態を維持する（整理、整頓、清掃を維持する）	こだわり力	・災害発生要因がなくなる
習慣化 （しつけ）	決めた事を決めた通りに実行できるように習慣づける	指導力	・不注意が減る ・決めた事を守る ・より良い人間関係ができる

整理：Seiri、整頓：Seiton、清掃：Seiso、清潔：Seiketsu、習慣化：Syukanka

▶ポイント◀ 130

それぞれのSには、行動、判断の目安があり、これらを行うことの効果が明らかになっています。

【参考資料】

工具類の整理・整頓

【悪い例】

【良い例】

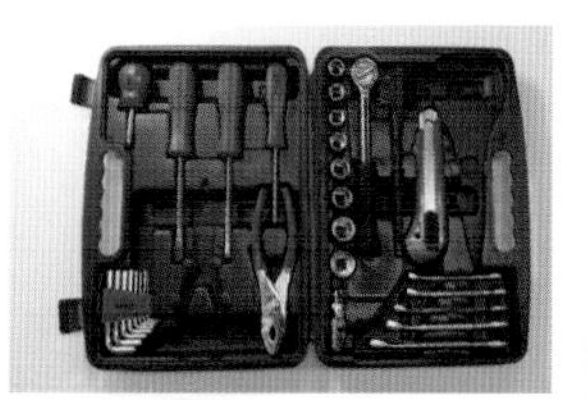

- 写真も活用している
- 無くなったら、すぐにわかる
- 使用者の名札を掲示する

▶ポイント◀ 131

① 工具の点検は毎日実施することが重要です。ネジや破損した工具が製品に混入し、回収となった例もあります。

② 工具の数や状態を確認することは、異物混入対策の重要な取組みの1つです。

【参考資料】

化学薬品の整理・整頓

【悪い例】

【良い例】

ボックス内で、位置と数を決めて整理し、施錠管理

▶ポイント◀ 132

化学薬品類は置き場所を決め、施錠して管理します。

【参考資料】

棚の整理・整頓

【悪い例】

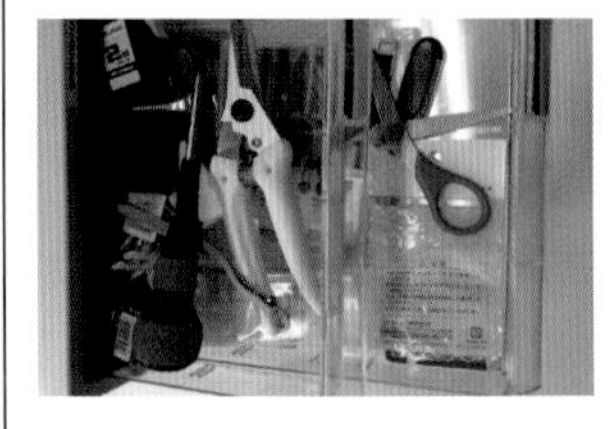

【良い例】

棚の中に収納するものは、位置と数を決めて管理

▶ポイント◀ 133

【参考資料】

空調吹き出し口の清掃

ホコリ・カビ・微生物を撒き散らしていませんか？

汚れが確認された場合は、すみやかに交換・洗浄

▶ポイント◀ 134

空調機は、定期的に清掃・洗浄して、その記録もつけます。

法令の体系
－食品安全に関連した法令－

日本におけるすべての法律は、憲法を原点として 全体の法律を体系化している。

▶ポイント◀ 135

① 日本には、食品安全を担保するために種々の法律があります。

② 日本の法律は、すべて憲法が原点となっています。

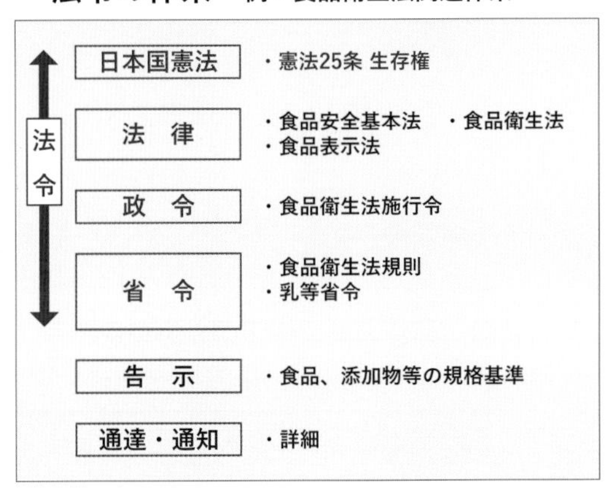

▶ポイント◀ 136

法令の体系を覚えると、理解が深まります。

【憲法】

- 国家の組織活動に関する基本的・根本的法規であり、日本のすべての法規は憲法による。
- 憲法25条の基本的人権のうち「生存権の保証」が食品関連法規の基本となっている。

【憲法25条】

- ■ すべての国民は健康で文化的な最低限度の生活を営む権利を有する。
- ■ 国はすべての生活部面について、社会福祉、社会保障及び公衆衛生の向上及び増進に努めなければならない。

▶ポイント◀ 137

憲法 25 条の基本的人権のうち、「生存権の保証」が 食品関連法規の基本となっています。

【法律】

- ● 憲法に次ぐ法で、社会の秩序を守るために国会が定めたルール。
- ● 参議院議員、衆議院議員の過半数の賛成を経て制定される

（食品関連の法律）

- ・食品安全基本法
- ・食品衛生法：乳等省令
- ・食品表示法
- ・JAS法、不正競争防止法、景品表示法
- ・栄養士法、調理師法、製菓衛生師法

▶ポイント◀ 138

法律は参議院議員、衆議院議員の過半数の賛成を経て制定されます。

【政令】

- 法律を施行するために必要となる事項に関し、内閣が制定した命令である。
- 食品関連では食品衛生法施行令が該当する。

【省令、府令】

- 主務大臣が専管事項として定める命令であり、府令は内閣総理大臣が内閣の長として発出する命令である。
- 食品では食品衛生法施行規則、乳等省令が該当する。

【告示】

主務省が必要事項を一般に知らせる公示であり、官報に掲載される。法令ではないが、基準・規則等で法令に準じて束縛力がある。

▶ポイント◀ 139

① 政令は、法律を施行するために必要となる事項に関し、内閣が制定した命令です。

② 省令は主務大臣が専管事項として定める命令です。

③ 府令は正式には内閣府令と言い、内閣総理大臣が内閣の長として発出する命令です。

④ 告示は主務省が必要事項を一般に知らせる公示であり、官報に掲載されます。法令ではないが、基準・規則等で法令に準じて束縛力があります。

【通達・通知】

法令等の制定趣旨や円滑な施行・運用を図るため周知徹底・留意すべき事項を、主務省が地方公共団体等に示したもの。なお、通知等に示された「マニュアル・規定・ガイドライン」等は、執務上の参考となる行政資料であり、内容に応じて、事務次官・局長・部長・課長・室長等から出される。行政当局はこれらの通達や通知に基づき指導等を行っている。

【条例】

地方公共団体が国の法令に違反しない限りにおいて、地方の特色を入れた条例等を地方議会で制定し施行する。

▶ポイント◀ 140

① 通達や通知は、法令等の制定趣旨や円滑な施行・運用を図るため周知徹底・留意すべき事項を、主務省が地方公共団体等に示したものです。

② なお、通知等に示された「マニュアル・規定・ガイドライン」等は、執務上の参考となる行政資料であり、内容に応じて、事務次官・局長・部長・課長・室長等から出されます。行政当局はこれらの通達や通知に基づき指導等を行っています。

食品の安全に関する国内法体系の概要

内閣府
食品安全基本法（食品安全委員会）

厚生労働省	農林水産省	消費者庁	環境省
①食品衛生法 ②と畜場法 ③食鳥処理・食鳥検査法 ④水道法 ⑤医薬品医療機器等法	①農薬取締法 ②肥料取締法 ③農用地土壌汚染防止法 ④飼料安全法 ⑤家畜伝染病予防法 ⑥BSE対策特別措置法 ⑦牛トレーサビリティ法 ⑧米トレーサビリティ法	①食品表示法 ②景品表示法	①ダイオキシン類対策特別措置法

▶ポイント◀ 141

これは食品安全基本法を例に挙げて、省庁ごとに分類した図です。これは 2019 年 3 月時点のものですが、法令には改正の可能性があります。

食品安全基本法　平成十五年法律第四十八号

第1章　総則

目的（第1条）

この法律は、科学技術の発展、国際化の進展その他の国民の食生活を取り巻く環境の変化に適確に対応することの「緊要性」にかんがみ、食品の安全性の確保に関し、基本理念を定め、並びに国、地方公共団体、食品関連事業者の責務並びに消費者の役割を明らかにするとともに、施策の策定に係る基本的な方針を定めることにより、食品の安全性の確保に関する施策を総合的に推進することを目的とする。

緊要性：非常に重要なこと、差し迫って必要なこと

▶ポイント◀ 142

① 食品安全委員会は内閣府に設置されています。

② 食品安全基本法は、農水省や厚労省等の縦割り行政を見直して、内閣総理大臣を通じて関係機関の長に勧告されます。

③ 食品の安全確保対策の総合的な推進と食品行政への信頼回復とを目的に平成 15 年に制定されました。

食品安全基本法のポイント：概要

3．基本的な方針　第11～21条

リスク分析の導入　第11～13条

- リスク評価（食品健康影響評価）の実施
- リスク評価結果に基づく施策の策定
- リスクコミュニケーションの促進

第14～20条

- 緊急対策への対処等
- 関係行政機関の相互の密接な連携
- 試験研究の体制整備等
- 国の内外の情報収集等
- 表示制度の適切な運用の確保等
- 教育・学習の振興等
- 環境に及ぼす影響の配慮

実施するための基本的項目を定める　第21条

4．食品安全委員会の設置（リスク評価の実施等）第22～38条

▶ポイント◀　143

食品安全基本法のポイントは、「リスク分析の導入」と「食品安全委員会の設置」です。

第3章　食品安全委員会（第22条～第38条）

● 所管事務（第23条）

一　第二十一条第二項の規定により、内閣総理大臣に意見を述べること。
二　次条の規定により、又は自ら食品健康影響評価を行うこと。
三　前号の規定により行った食品健康影響評価の結果に基づき、食品の安全性の確保のため講ずべき施策について内閣総理大臣を通じて関係各大臣に勧告すること。
四　第二号の規定により行った食品健康影響評価の結果に基づき講じられる施策の実施状況を監視し、必要があると認めるときは、内閣総理大臣を通じて 関係各大臣に勧告すること。
五　食品の安全性の確保のため講ずべき施策に関する重要事項を調査審議し、必要があると認めるときは、関係行政機関の長に意見を述べること。
六　第二号から前号までに掲げる事務を行うために必要な科学的調査及び研究を行うこと。
七　第二号から前号までに掲げる事務に係る関係者相互間の情報及び意見の交換を企画し、及び実施すること。

▶ポイント◀　144

食品安全委員会は、自ら食品の健康への影響を評価し、その結果を基に内閣総理大臣に意見を述べることができます。また食品の安全性の確保のため講ずべき施策については、内閣総理大臣を通じて関係各大臣に勧告することができます。

リスク分析の考え方

リスク分析の３つの要素

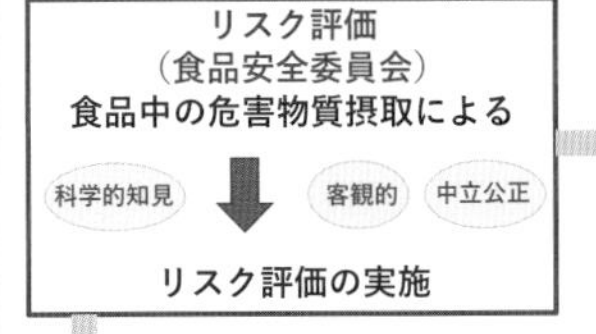

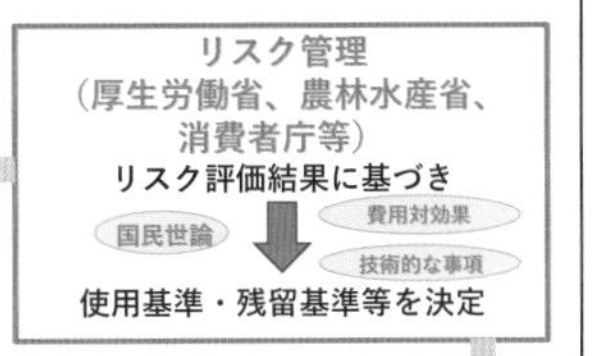

リスクコミュニケーション
（消費者、事業者、消費者庁、食品安全委員会、厚生労働省、農林水産省等）
関係者とのリスク情報の共有・意見の交換
（意見交換会、パブリックコメント）

食品安全委員会 食品の安全性に関する用語集より

▶ポイント◀　145

リスク分析は、リスク評価、リスク管理およびリスクコミュニケーションの３つの要素から構成されています。

各省庁との連携（食品安全行政）

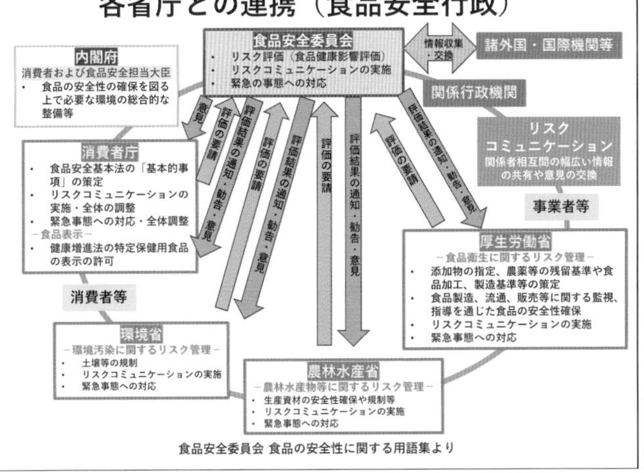

食品安全委員会 食品の安全性に関する用語集より

▶ポイント◀　146

食品安全委員会で審議した食品健康影響評価結果の公表については各省庁、事業者および消費者と連携して行われます。

食品安全委員会のホームページは、食品の安全に関する情報が満載

【重要なお知らせ】：科学的データの掲載

- カンピロバクターについて：リスクプロファイル公表
- 高病原性インフルエンザについて
- ノロウイルスの食中毒に注意：食中毒予防のポイント
- バーベキューやピクニックでの食中毒に注意：食中毒予防のポイント
- 毒キノコによる食中毒に注意：食中毒予防のポイント
- 腸管出血性大腸菌O157関連情報
- 食品からの3－MCPD脂肪酸エステルの摂取
- 加熱時に生ずるアクリルアミド関連情報

➡ **活用しないと損**

▶ポイント◀ 147

食品安全委員会のホームページには、食品の安全に関する国内外の情報がタイムリーに掲載されます。

【専門調査会からの情報】

- 添加物
- 農薬
- 動物医薬品
- 器具容器包装
- 汚染物質
- 微生物、ウイルス
- プリオン

- カビ毒、自然毒
- 遺伝子組み換え食品
- 新開発食品（アガリクス、大豆イソフラボン）
- 肥料、飼料
- その他ワーキンググループ
  六価クロム
  薬剤耐性菌
  栄養成分関連添加物（ビタミン、ミネラル）

▶ポイント◀ 148

さらに、食品安全委員会のホームページには、専門調査会からの情報が満載ですので食品安全に関する情報収集に役立ちます。

食品衛生法

昭和二十二年法律第二百三十三号

1）食品衛生法の概要
2）食品衛生法の一部改正について
（平成30年6月13日公布）

食品衛生法の構成

●第1条　目的
この法律は、食品の安全性の確保のために公衆衛生の見地から必要な規制その他の措置を講ずることにより、飲食に起因する衛生上の危害の発生を防止し、もって国民の健康の保護を図ることを目的とする。

▶ポイント◀ 149

① 食品衛生法は昭和 22 年に制定され、国民の健康保護を図ることを目的としており、飲食に起因する衛生上の危害発生を防止しする法律です。

② 食品衛生法の目的を理解することにより、食品の安全性に関する知識が深まります。

食品衛生法の構成

目次	条項	内容
第一章	1～4条	総則：国、都道府県、食品事業者の役割
第二章	5～14条	食品及び添加物
第三章	15～18条	器具及び容器包装
第四章	19～20条	表示及び広告
第五章	21条	食品添加物公定書
第六章	21の2～24条	監視指導
第七章	25～30条	検査
第八章	31～47条	検査登録機関
第九章	48～56条	営業
第十章	54～70条	雑則
第十一章	71～79条	罰則

▶ポイント◀ 150

国民の健康保護に関わる重要な法令で、第 79 条まであります。

食品衛生法の一部改正について（平成30年6月13日公布）

【食品衛生法改定概要】

1．広域的な食中毒事案への対策強化
国や都道府県等が、広域的な食中毒事案の発生や拡大防止等のため、相互に連携や協力を行うこととするとともに、厚生労働大臣が、関係者で構成する広域連携協議会を設置し、緊急を要する場合には、当該協議会を活用し、対応に努めることとする。

2．HACCP(ハサップ)*に沿った衛生管理の制度化
原則として、すべての食品等事業者に、一般衛生管理に加え、HACCPに沿った衛生管理の実施を求める。ただし、規模や業種等を考慮した一定の営業者については、取り扱う食品の特性等に応じた衛生管理とする。

* 事業者が食中毒菌汚染等の危害要因を把握した上で、原材料の入荷から製品出荷までの全工程の中で、危害要因を除去低減させるために特に重要な 工程を管理し、安全性を確保する衛生管理手法。先進国を中心に義務化が進められている。

3．特別の注意を必要とする成分等を含む食品による健康被害情報の収集
健康被害の発生を未然に防止する見地から、特別の注意を必要とする成分等を含む食品について、事業者から行政への健康被害情報の届出を求める。

▶ポイント◀ 151

2018年6月13日，15年ぶりに食品衛生法の一部が改正され公布されました。改正点は7項目あり、食品事業者にも直接関係する重要な改正です。以下に改正点の概要を示しました。

① 広域的な食中毒事案への対策強化
② HACCP（ハサップ）に沿った衛生管理の制度化
③ 特別の注意を必要とする成分等を含む食品による健康被害情報の収集

4．国際整合的な食品用器具・容器包装の衛生規制の整備
食品用器具・容器包装について、安全性を評価した物質のみ使用可能とするポジティブリスト制度の導入等を行う。

5．営業許可制度の見直し、営業届出制度の創設
実態に応じた営業許可業種への見直しや、現行の営業許可業種（政令で定める34業種）以外の事業者の届出制の創設を行う。

6．食品リコール情報の報告制度の創設
営業者が自主回収を行う場合に、自治体へ報告する仕組みの構築を行う。

7．その他（乳製品・水産食品の衛生証明書の添付等の輸入要件化、自治体等の食品輸出関係事務に係る規定の創設等）

「H29　HACCP支援法に基づく計画認定業務に関する勉強会資料」より

▶ポイント◀ 152

（前スライドの続き）

④ 国際整合的な食品用器具・容器包装の衛生規制の整備
⑤ 営業許可制度の見直し、営業届出制度の創設
⑥ 食品リコール情報の報告制度の創設
⑦ その他：乳製品・水産食品の衛生証明書の添付

HACCP（ハサップ）に沿った衛生管理の制度化

全ての食品等事業者（食品の製造・加工、調理、販売等）が衛生管理計画を作成

食品衛生上の危害の発生を防止するために特に重要な工程を管理するための取組（HACCPに基づく衛生管理）	取り扱う食品の特性等に応じた取組（HACCPの考え方を取り入れた衛生管理）
コーデックスのHACCP7原則に基づき、食品等事業者自らが、使用する原材料や製造方法等に応じ計画を作成し、管理を行う。 【対象事業者】 ◆事業者の規模等を考慮 ◆と畜場［と畜場設置者、と畜場管理者、と畜業者］ ◆食鳥処理場［食鳥処理業者（認定小規模食鳥処理業 者を除く。）］	各業界団体が作成する手引書を参考に、簡略化された アプローチによる衛生管理を行う。 【対象事業者】 ◆ 小規模事業者（＊一の事業所において、食品製造及び加工に従事する者の総数が50人未満の者） ◆ 当該店舗での小売販売のみを目的とした製造・加工・調理事業者（例：菓子の製造販売、食肉の販売、魚介類の販売、豆腐の製造販売等） ◆ 提供する食品の種類が多く、変更頻度が頻繁な業種（例：飲食店、給食施設、惣菜の製造、弁当の製造等） ◆ 一般衛生管理の対応で管理が可能な業種 等（例：包装食品の販売、食品の保管、食品の運搬等）

▶ポイント◀ 153

HACCPに沿った衛生管理の制度化では、２つの方向性が示されました。このスライドには国内向けの２つの取組を紹介してあります。

① １つは「コーデックスHACCP ７原則に基づく衛生管理」です。
② もう一つは「HACCPの考え方を取り入れた衛生管理」です。
③ 両衛生管理ともに「衛生管理計画」の作成が必須です。

食品表示法

平成二十五年法律第七十号

目次	条項	内容
第一章	1～3条	総則
第二章	4～ 5条	食品表示基準
第三章	6～10条	不適切な表示に対する措置
第四章	11～12条	差止請求及び申出
第五章	13～16条	雑則
第六章	17～23条	罰則

食品の容器包装への表示は、消費者と事業者との信頼の架け橋であり、消費者にとってその商品の品質・安全性を判断する上での貴重な情報源である。

▶ポイント◀ 154

① 食品表示法において、食品容器などへの表示は消費者が食品を購入する上で、最も重要な情報源となります。
② 食品表示法の管轄は消費者庁です。

● 第一章　総則（第1条　目的）

この法律は、食品に関する表示が食品を摂取する際の安全性の確保及び自主的かつ合理的な食品の選択の機会の確保に関し重要な役割を果たしていることに鑑み、販売（不特定又は多数の者に対する販売以外の譲渡を含む。以下同じ。）の用に供する食品に関する表示について、基準の策定その他の必要な事項を定めることにより、その適正を確保し、もって一般消費者の利益の増進を図るとともに、食品衛生法、健康増進法及び日本農林規格等に関する法律（JAS法）による措置と相まって、国民の健康の保護及び増進並びに食品の生産及び流通の円滑化並びに消費者の需要に即した食品の生産の振興に寄与することを目的とする。

▶ポイント◀ 155

食品表示法において、「食品に関する表示が食品を摂取する際の安全性の確保及び自主的かつ合理的な食品の選択の機会の確保に関し重要な役割を果たしている」という目的を理解することが重要です。

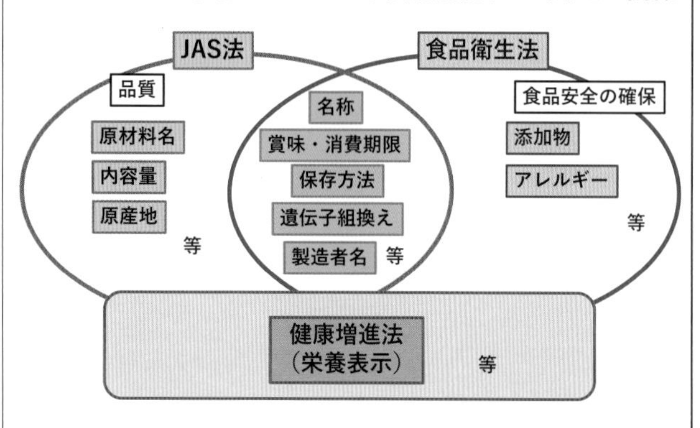

▶ポイント◀ 156

① 食品表示法は食品衛生法、JAS 法および健康増進法の食品の表示に関する規定を統合して食品の表示に関する包括的、かつ一元的な制度として創設された法令です。

② 一元化した法令は平成 27 年 4 月 1 日に施行されました。

食品表示法における重要項目

1）アレルギー表示
2）栄養成分表示
3）原料原産地表示
4）遺伝子組み換え表示
5）機能性食品表示

▶ポイント◀ 157

食品表示法で重要な項目を 5 つ示しました。そのうち、3)、4) については、現在も専門委員会で検討中です（2020 年 11 月現在）。

食品表示基準

平成二十七年内閣府令第十号

目次	条項	内容
第一章	1－2条	総則
第二章	3－17条	加工食品
第三章	18－31条	生鮮食品
第四章	32－39条	添加物
第五章	40－41条	雑則

食品表示の原則・基準・構成が示されている

▶ポイント◀ 158

食品表示基準には、生鮮食品（野菜・果物、食肉、水産物等）や加工食品（農産加工品、畜産加工品、水産加工品等）および個別表示食品などの表示法が詳細に決められています。

HACCPで管理対象になる危害要因

1. 生物編
    - 細菌
    - ウイルス
    - 寄生虫
    - 真菌（カビ）
2. 化学編
    - 化学物質
    - 生物毒
3. 物理編
    - 異物
4. アレルギー

▶ポイント◀ 159－

「HACCP で管理対象になる危害要因」は、本書では生物編、化学編、物理編、アレルギー編から構成されています。アレルギーは化学的危害要因に含まれますが、一般の化学物質とは作用機序が大きく異なり、かつ重要な危害要因なので別項目にしています。

HACCPで管理対象になる危害要因

1. 生物編　細菌、ウイルス、寄生虫、真菌（カビ）

1．食品と危害要因
2．生物的危害
3．微生物の生存・増殖・死滅
4．主な食中毒微生物の特徴と制御

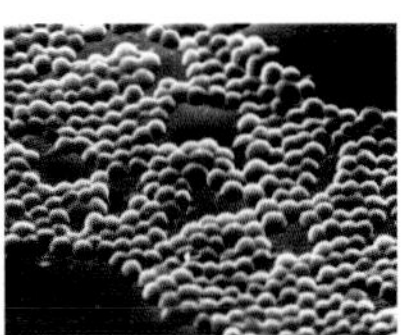

↑<提供>
東京都健康安全研究センター

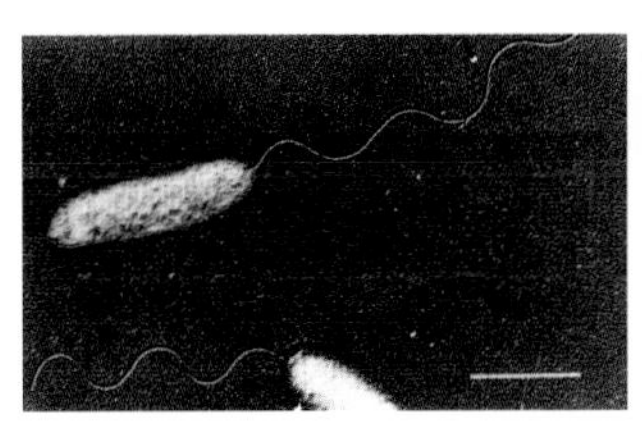

▶ポイント◀ 160－

HACCP で管理対象になる危害要因の中で生物的危害について説明します。

生物的危害：食品媒介病原微生物（1）

感染型食中毒菌

a) **恒常的に発生が見られる細菌**
    サルモネラ、腸炎ビブリオ、下痢原性大腸菌（腸管出血性大腸菌、**組織侵入性大腸菌、毒素原性大腸菌、病原(血清型)大腸菌など**）、カンピロバクター、ウエルシュ菌、**下痢型セレウス菌**

b) **まれな発生**
    エルシニア属（*Yersinia enterocolitica* / *pseudotuberculosis*）、**エロモナス属**（*Aeromonas hydrophila* / *sobria* / *caviae*）、**プレジオモナス属**（*Plesiomonas shigelloides*）、**ビブリオ属**（*Vibrio fluvialis* / *furnnissii*、コレラ菌）、**赤痢菌、チフス菌、レンサ球菌**

c) **今後注目しなければならない細菌**
    リステリア・モノサイトゲネス、クロノバクター・サカザキ、**ビブリオ・バルニフィカス**

▶ポイント◀ 161－

① 食中毒を起こす細菌は、その発症の仕方により感染型と毒素型に分けられます。

② 感染型の食中毒を引き起こす細菌を示します。感染型は、生菌を摂取しないと食中毒を発症しません。

生物的危害：食品媒介病原微生物（2）

毒素型食中毒菌

a) **恒常的に見られる細菌**
    黄色ブドウ球菌とそのエンテロトキシン、嘔吐型セレウス菌とセレウリド

b) **まれな発生**
    ボツリヌス菌とその毒素

食品媒介ウイルス（ウイルス性食中毒）

a) **恒常的に流行：ノロウイルス**

b) **まれな発生**
    A型、E型肝炎ウイルス、サポウイルス、ロタウイルス

▶ポイント◀ 162－

① 毒素型の食中毒を引き起こす細菌を示します。毒素型は、生菌を摂取しなくても食品中で増殖した際に産生した毒素が存在していれば菌が死滅してしまっていても食中毒を起こします。

② また、食中毒を引き起こすウイルスも示します。

その他の生物的危害要因（3）

食品媒介寄生虫

原虫：クリプトスポリジウム（水環境）、トキソプラズマ、サイクロスポラ、ジアルジア

蠕虫：アニサキス（海水魚）、クドア・セプテンプンクタータ（ヒラメ）、ザルコシスティス・フェアリー（馬）、有鉤条虫、エキノコックス、旋毛虫、肝吸虫、回虫、横川吸虫

寄生虫は、原虫と蠕虫にわけられる。

原虫：真菌類(カビやキノコの仲間)を除く単細胞の寄生性真核生物
蠕虫：真菌類(カビやキノコの仲間)を除く多細胞の寄生性真核生物

▶ポイント◀ 163

食品に関連する寄生虫を示します。

食品を汚染する病原微生物の由来は多岐にわたる

1. 原材料由来
   生産物：農産物／畜産物／水産物
2. 製造加工工程由来
   一次加工品
   添加物（調味料を含む）
   包装材
3. 調理工程由来
4. 食品従事者由来
5. 食品関連施設での製造水由来

▶ポイント◀ 164

食品は、いろいろな場面で病原微生物に汚染されます。

生物的要因の特性

1. 海水・土壌など、自然界に分布するため、食材の生産段階から食品に汚染が起こる
2. 食品従事者も食中毒起病性微生物を保有し、食品汚染を起こす
3. 輸送、製造・加工、保管、販売や調理などの環境からも食品汚染を起こす
4. 食中毒起病性細菌は殆どが食品中で増殖する。ただし、増殖するための条件は細菌の種類により異なる
5. ウイルスは食品中では増殖しない
6. 微生物の種類により、乾燥抵抗性、熱抵抗性、酸（pH）抵抗性や水分活性抵抗性などが異なる

▶ポイント◀ 165

生物的要因の特性を示します。特にウイルスは、生きた細胞がないと増殖できないことから、食品中では増殖できません。

微生物による危害要因の解析に必要な科学的データ

1. 疫学データ：国内や諸外国で発生している食品媒介感染症の原因食品や汚染経路解析データ
2. 食品媒介病原微生物の家畜、家禽、人、食肉・野菜などの食品、河川、土壌、海など自然界、魚介類、一次加工食品、二次加工食品などにおける汚染状況の調査データ
3. 食品媒介微生物の特性データ
   例えば、増殖温度域、乾燥、pH、水分活性、微生物の死滅や発育に影響する添加物などに対する増殖、死滅などの動態データ
4. 食品中における微生物の挙動

▶ポイント◀ 166

原材料と病原微生物の汚染状況

病原微生物	生肉			その他の食材				乾物						食品従事者
	牛	豚	鶏	魚介類	野菜	穀類	果物	肉	野菜	キノコ	魚介類	海藻	香辛料	
病原大腸菌	○				○	○	○	○						○
サルモネラ	○	○	○	○	○	○	○	○	○	○	○	○		○
カンピロバクター	○	○	○											
リステリア	○	○	○	○	○	○	○	○	○	○	○	○	○	
エルシニア		○			○									
黄色ブドウ球菌	○	○	○	○	○	○	○							○
セレウス菌					○	○			○		○			
ウェルシュ菌	○	○	○	○				○			○			○
病原ビブリオ				○										
ノロウイルス				*										○
A型肝炎ウイルス				*										○
E型肝炎ウイルス		○												

＊ カキなど二枚貝

▶ポイント◀ ―― 167 ―

病原微生物と食品への汚染の可能性を表にしています。乾物も汚染されていることがあるということを忘れないようにしましょう。

食品従事者が保菌し、対応が求められる微生物

病原微生物	保有率（%）
３類感染症の病原体	
赤痢菌	0.001以下
チフス菌・パラチフスＡ菌	0.001以下
腸管出血性大腸菌	0.001 ~ 0.005
食中毒性微生物	
サルモネラ属菌	0.01 ~ 0.05
ノロウイルス	4（冬季）

３類感染症：コレラ、細菌性赤痢、腸管出血性大腸菌感染症、腸チフス、パラチフス

▶ポイント◀ ―― 168 ―

サルモネラの健康保菌者は 0.01～0.05%と他の病原細菌に比べ高い値を示しており、従業員の検便はとても重要です。

病原微生物による危害要因の制御（管理措置）

- 病原微生物の種類や特性により制御は異なる
- 生食する食品、加熱食品、酸性食品、包装形態など食品の特性により異なる
- 一般衛生管理プログラムで制御出来るもの。HACCPプログラムで制御しなければならないもの
- ウイルスや寄生虫は食品中では増殖しない

１．汚染させない
２．汚染を広げない
　原材料の管理は？？
　手指の洗浄・消毒
　器具・機材などの洗浄・消毒

３．増殖させない
　温度／時間、酸素、食塩、有機酸など、添加物、乾燥状態、低温・凍結保存、共存細菌

４．死滅させる
　加熱／温度と時間、高圧、照射

▶ポイント◀ ―― 169 ―

汚染させない・広げない（つけない）、増殖させない（増やさない）、死滅させる（やっつける）は食中毒を防ぐためにはとても重要な原則です。

細菌の発育条件と増殖

温度、時間、酸素条件、pH、食塩など無機塩類、栄養、水分（Aw：水分活性）、添加物など様々な要因が関与するので、自社で製造する食品の増殖態度を把握すること。

サルモネラの発育

増殖は2分裂で増殖速度(分裂時間)は、
一般：20～30分
腸炎ビブリオ、ウエルシュ菌：10分
エルシニア：40分

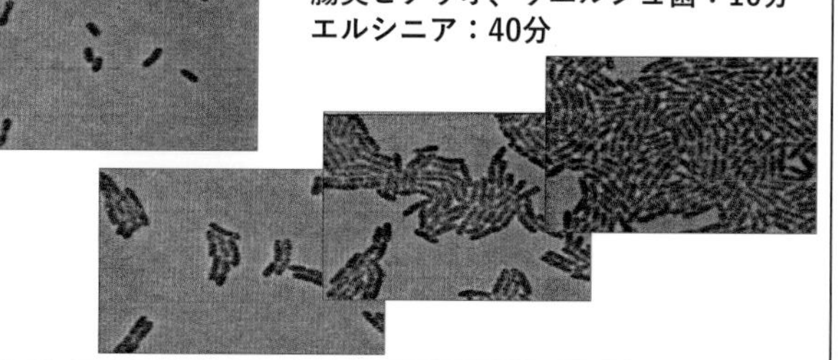

▶ポイント◀ ―― 170 ―

菌種ごとに増殖スピードは異なります。増殖スピードが比較的遅い細菌は、長い培養時間が必要になります。（例：エルシニアは２日培養）

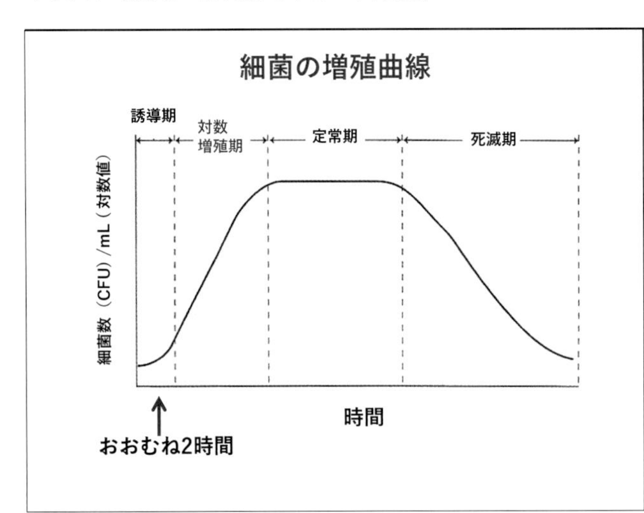

▶ポイント◀ ―― 171 ―

誘導期の増殖スピードは増殖期に比べ遅いので、この時間内で食べきることは食中毒を防ぐ上でとても効果的です。

微生物の酸素要求性と培養

分類	酸素の要求性	例	培養環境
(偏性)好気性菌	絶対必要	セレウス菌 緑膿菌	好気培養
偏性嫌気性菌	あると増殖不可	ウエルシュ菌 ボツリヌス菌	嫌気培養
通性嫌気性菌	あってもなくても増殖	腸内細菌科 ビブリオ科 ブドウ球菌 リステリアなど	好気培養
微好気性菌	微量の酸素要求 O_2：5~15% CO_2要求	カンピロバクター	微好気培養

▶ポイント◀ ―― 172 ―

細菌によって酸素の要求性が異なります。酸素があると発育できない細菌は偏性嫌気性菌と言われ、酸素がない状態の食品（例：缶詰）などでは発育し易い環境となります。

微生物の増殖と温度

分類	増殖可能温度	至適温度	例
低温菌	0～30℃	20～25℃	リステリア、エルシニア
中温菌	5～55℃	25～40℃	多くの病原菌
高温菌	30～90℃	55～70℃	バシラスの一部など

<5℃	多くの細菌は増殖しにくくなるが、死滅しない エルシニア属、リステリア属は低温でも増殖する細菌である
10～60℃	あらゆる細菌が増殖する
30～40℃	最も急速に発育
>65℃	多くの細菌は相応の時間で死滅する（芽胞は生き残る）

▶ポイント◀ ―― 173 ―

低温でも増殖可能な菌もいることから、冷蔵庫は菌を増やさないための万能な装置ではありません。

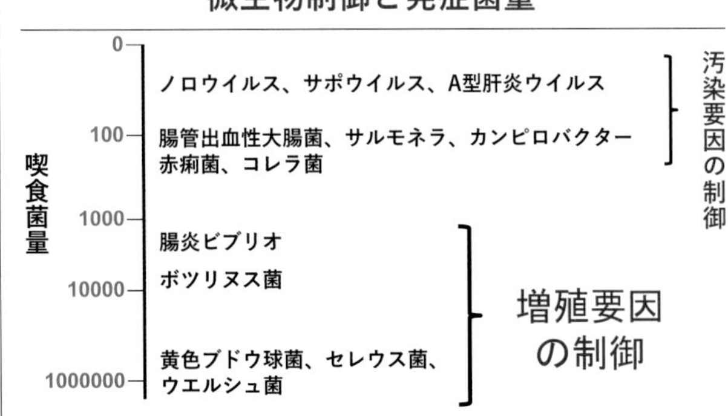

▶ポイント◀ ―― 174 ―

① 菌種によって発症するために必要な菌量にはかなり違いがあります。

② 発症菌量の少ない微生物は汚染を防ぐ必要があり、比較的多くの菌量が必要な微生物は、増殖を防ぐことが食中毒を防ぐために重要です。

微生物の滅菌、殺菌、消毒

- 原材料に由来する微生物汚染
- 食品製造の取り扱い不備による微生物汚染
- 製造工程中に環境やヒトから汚染する微生物

食品加工に使用する機器、器具など
作業台など
手指
} 消毒 殺菌

微生物を死滅させる（CCP）

① 滅菌：120℃、4分以上
② 加熱：75℃、1分以上で（栄養型の）病原細菌は死滅
（芽胞は死滅しない）
85～90℃、90秒でノロウイルスの死滅

▶ポイント◀ ―― 175 ―

微生物によって、殺菌できる条件が異なります。

加熱でも死滅しない細菌・・・芽胞について

Bacillus 属菌と *Clostridium* 属菌

- 環境条件が悪い時あるいは生活環の一環として、菌体内に芽胞を形成する
- 芽胞は代謝活性がほとんどない休眠状態
- 芽胞の生存性：数年～十数年生存
- 熱抵抗性が高く75℃、1分では死滅せず、菌種や菌株により耐熱性が異なる

ウエルシュ菌芽胞：煮沸4時間以上でも生存
セレウス菌芽胞：煮沸30分以上でも生存
ボツリヌスA型菌芽胞：120℃、4分で死滅

- 消毒薬：アルコール、逆性石鹸には殺菌効果がなく次亜塩素酸ナトリウムではやや効果がある

ウエルシュ菌芽胞

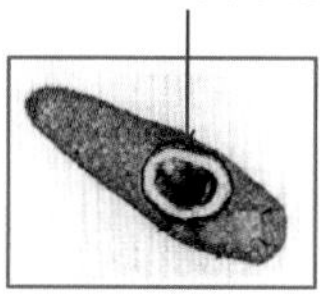

▶ポイント◀ ―― 176 ―

芽胞を形成する細菌は、一般的な細菌で効果のある殺菌温度、消毒剤では無効であることが多いです。

微生物制御の考え方

大きく、２つの方法に分類される

１．食品中の微生物を殺菌し、その後、外部からの微生物二次汚染を密封容器（包装）で防ぐ。
液体の場合には殺菌せずに、ろ過除菌も可能。

２．食品の貯蔵温度や塩分、水分、pH、気相（炭酸ガス、窒素ガス、脱酸素剤）などを調節して微生物の増殖に不適当な条件にすることで、微生物の増殖を抑制する（ハードル理論）。

１および２には、どのような食品がありますか？

▶ポイント◀ ―― 177 ―

① 左図の 1. は、熱処理をして菌を減らす、液体で熱を加えることができないものについてはろ過をすることで菌を減らすことを示しています。
② 左図の 2. は、１つの制御方法だと、高い目標が必要になりますが、２つ、３つを組み合わせることで１つ１つの設定を低くすることで菌を減らすことを示しています。（例えばあまり熱を加えることができないものには、消毒剤等（アルコールや次亜塩素酸水）で処理をすることで熱処理の温度を下げることができます。）「ハードル理論」と言います。

微生物制御の組み合わせ

ハードル理論

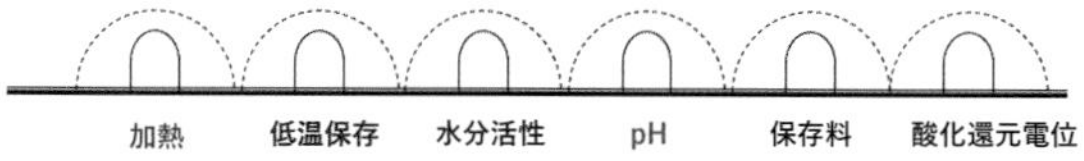

加熱　低温保存　水分活性　pH　保存料　酸化還元電位

加熱殺菌
低温保存
水分活性
pH
保存料・食品添加物
酸化還元電位
} 微生物制御の因子

ハードル理論
FAT TOM

▶ポイント◀ ―― 178 ―

「ハードル理論」とは、加熱殺菌できない製品について、劣化を引き起こさない程度のマイルドな処理を複数組み合わせることで、食品中の腐敗細菌や病原菌の増殖を抑制する技術です。例えば、ヨーグルトでは、pH と低温保存で静菌作用を示します。ハードルになる、いろいろな処理を列挙しました。

食中毒を起こす主な微生物の特徴、分布、対策（各論）

1）腸管出血性大腸菌
2）サルモネラ属菌
3）カンピロバクター
4）腸炎ビブリオ
5）リステリア
6）ウエルシュ菌
→ 感染型

7）ブドウ球菌
8）嘔吐型セレウス菌
9）ボツリヌス菌
→ 毒素型

10）ノロウイルス

▶ポイント◀ 179

2 つの型別において代表的な菌の特徴、分布および防止対策を詳しく説明します。

下痢原性大腸菌（病原大腸菌）の分類

	ETEC	EHEC	EIEC	EAEC	EPEC
好発年齢	全年齢	全年齢	全年齢	乳幼児	全年齢
感染部位	小腸	大腸	大腸	小・大腸	小腸
潜伏期	1~3日	1~7日	1~5日	1~5日	1~3日
症状	水溶性下痢、腹痛	激しい下痢、下血、腹痛、HUS	下痢（粘血便）、腹痛	持続性下痢、腹痛	下痢、腹痛、発熱、嘔吐
病原機序	エンテロトキシン	ベロ毒素	侵入性	粘膜に凝集接着	接着
主な血清型	O6, O27, O128, O148	O157, O26, O111, O145	O29, O115, O143, O164	O126, O55, O44	O26, O5, O111, O125
感染源	ヒト	家畜（牛等）	ヒト	ヒト	ヒト

ETEC：腸管毒素原性大腸菌、EHEC：腸管出血性大腸菌(ベロ毒素産生性大腸菌)
EIEC：腸管侵入性大腸菌、　EAEC：腸管凝集接着性大腸菌
EPEC：腸管病原大腸菌(腸管血清型大腸菌)

▶ポイント◀ 180

食中毒を起こす病原大腸菌は 5 種類に分類されています。5 種類の特徴を表に示します。

感染型（1）腸管出血性大腸菌

- グラム陰性桿菌、乳糖分解・ガス産生、44.5℃非発育
- ベロ毒素（志賀毒素）：VT1、VT2
- 血清型：O157、O26、O111など
- 少量菌感染、乳児・学童・老人が感受性高い

Vero細胞

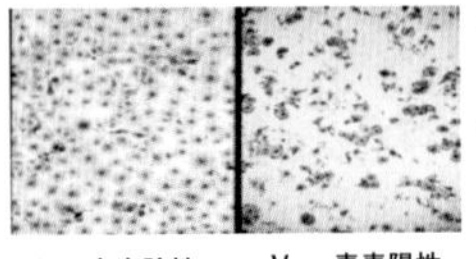

Vero毒素陰性　Vero毒素陽性

- 潜伏時間：2～8日
- 症状：激しい腹痛と水様性下痢、下血、発熱（37～38℃）
- 重症：死亡例、HUS（溶血性尿毒症症候群）

▶ポイント◀ 181

感染型食中毒起因菌である腸管出血性大腸菌について説明します。

腸管出血性大腸菌食中毒〔137事例〕の原因食品

（平成12～28年）

食肉類　115　(83.9%)
焼肉料理（39)、肝臓（25)*）、ユッケ（12)**）、成形肉（ステーキ＆角切りステーキ）(7)、馬刺し（6)、ステーキ（5)、ハンバーグ (4)、ホルモン、カルビ（各3)、ローストビーフ、牛の丸焼き、炙り肝臓、牛生肉、ケバブ、肉料理、鹿肉、冷凍メンチカツ、刻みハム、鶏の唐揚げ、馬肉ユッケ（各1）

野菜、サラダ類　6　(4.4%)
生野菜（ナムル）、冷やしキュウリ、キュウリのゆかり合え、サラダ、サトウキビのジュース、キャベツ（各１）

漬物　6　(4.4%)
白菜の浅漬け（2)、キュウリの浅漬け、ナスと大葉のもみ漬、カブの浅漬、和風キムチ（各1）

その他　10　(7.3%)
飲料水（井戸水、わき水など）（4）バーベキュー（3）、団子＆柏餅、卵サンド、パスタ（各1）

（　）：事件数、厚生労働省食中毒発生事例より
*）25年以降では27年に1件の発生のみ。**）平成24年以降ユッケによる事例はない。

原因食品不明：185件(57.5%)/事件数322件

▶ポイント◀ 182

原因食品としては牛肉関連のものが多いですが、最近は野菜がとても重要な原因食品として挙げられます。

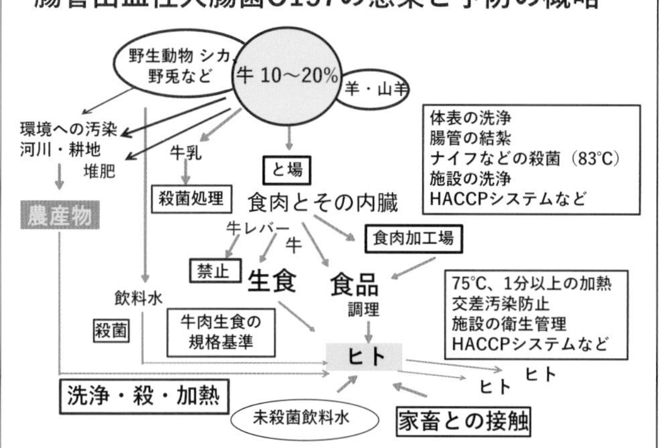

▶ポイント◀ ―― 183 ―

腸管出血性大腸菌O157とヒトと環境の関連を図に示します。

野菜の浅漬による腸管出血性大腸菌O157の集団発生事例

発生月日	原因食品	原因施設	患者数（死者数）
平成12年6月	カブ浅漬	漬物屋	7　(3)
平成13年8月	和風キムチ	漬物屋	29
平成14年6月	キュウリ浅漬	漬物屋	112
平成17年10月	白菜浅漬	自家製？	43　(6)
平成24年8月	白菜浅漬	漬物屋	169　(8)
平成26年7月	冷やしキュウリ	販売店	508
平成28年8月	キュウリのゆかり和え	老人ホーム	84　(10)

▶ポイント◀ ―― 184 ―

野菜の浅漬による腸管出血性大腸菌O157の集団発生事例を示します。

白菜の浅漬(白菜きりずけ)工程

手指の衛生管理
白菜外側の葉をはずし、4分の1にカット　病原細菌汚染
水洗い(樽)
水切り
人参、キュウリの消毒
次亜塩素酸塩で消毒（樽で10分間）
流水で水洗い
まな板でカット
水槽で水洗い
調味液と漬け込み 樽、一昼夜
増殖　パックに詰め出荷

札幌市の再現実験より

▶ポイント◀ ―― 185 ―

白菜の浅漬の工程図を示します。手指の衛生管理、使用する水の水質管理が重要です。

腸管出血性大腸菌食中毒と対策

汚染・感染経路・原因食品

牛、羊、山羊　→　食肉、内臓肉、未殺菌乳、野菜、スプラウト
ヒト保菌者（0.005%）

原因食品：食肉、肝臓、焼き肉、ハンバーグ、ローストビーフ、サラダ、浅漬け、和菓子、イクラ

予防の要点

- 原料肉の管理、肉類の凍結・低温管理
- ユッケの原料肉は成分規格を厳守
- 牛肝臓の生食禁止
- 浅漬け野菜の洗浄・消毒、10℃以下で漬ける
- 肉料理は中心温度75℃、1分以上加熱
- 手指や調理器具などからの二次汚染防止

▶ポイント◀ ―― 186 ―

腸管出血性大腸菌による食中毒の原因と予防について示します。

感染型（2）サルモネラ属菌

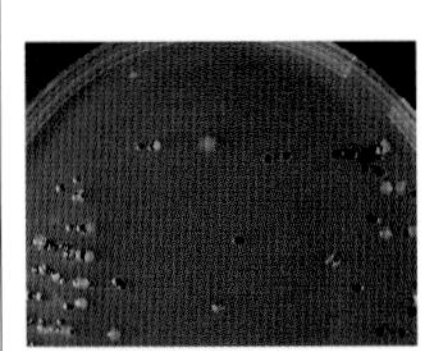

- グラム陰性、桿菌、周毛、通性嫌気性
- 分類：*Salmonella enterica* subsp. *enterica*
  血清型　約2,500
  subsp. *enterica*　約1,500
- 乳児・子供、高齢者は少量感染
- 潜伏時間：5〜72時間
- 症状：下痢、腹痛、嘔吐、高熱

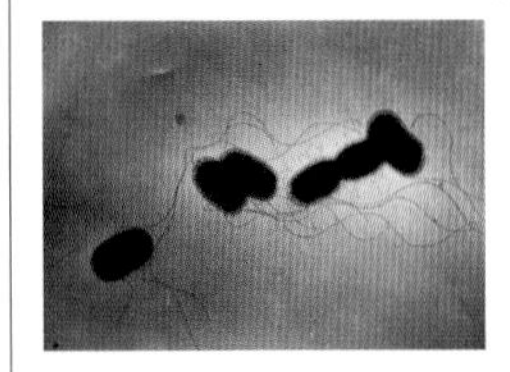

SE：*Salmonella* Enteritidis
ST：*Salmonella* Typhimurium

▶ポイント◀ 187

感染型食中毒起因菌であるサルモネラ属菌について説明します。

サルモネラ症の感染環

5〜30%
豚　牛　鶏
羊、山羊
飼料
鼠、野鳥、野生動物
と場・食鳥処理場　卵
食肉　0.003%
農業用水
耕地
野菜
穀類など
食肉加工食品
流通
その他のあらゆる食品
流通
調理
輸入食品
養殖
ウナギなど
愛玩動物
犬、猫、カメ
飲料水
未滅菌
ヒト
希にヒト
河川、池など

▶ポイント◀ 188

サルモネラ属菌とヒトと環境の関連を図に示します。

鶏卵のサルモネラ汚染と対策

SE

卵殻のサルモネラは気孔を通して卵内に侵入

気孔

卵内汚染は限られる

産卵養鶏場のSE対策
- 導入ヒヨコ
- 養鶏場のHACCP
- SEワクチンの接種

GPセンターでの対策
- 消毒薬による洗卵と温度管理

流通における対策
- 低温流通(不完全)

流通殻付き卵
- 賞味期限表示と10°C以下の保存

殺菌液卵の成分規格
- サルモネラ陰性でなければならない

鶏卵工場
- HACCPシステムの導入、危害要因に基づく管理

飲食店・集団給食施設での対策
- 鶏卵の冷蔵庫保存
- 割おきをしないこと
- 75°C、1分以上の加熱
- 二次汚染防止対策(洗浄と消毒)

▶ポイント◀ 189

卵を介してサルモネラ　エンテリティディス（SE）の汚染が広がった際の対応を図に示します。

サルモネラ属菌食中毒と対策

汚染・感染経路・原因食品

分布：家畜、家禽、魚介類、野生動物、野鳥、は虫類、犬、猫などペット、環境、河川

ヒトの保菌率：0.05%

原因食品：卵料理、肉類特に鶏肉料理、ウナギ・魚料理、生野菜、洋菓子

予防の要点
- 原料肉（特に鶏肉）の管理、凍結、低温保存、肉類から他の食品への二次汚染防止
- 肉類の加熱、75°C、1分以上、食肉製品の衛生管理
- 肉類の生食対策
- 卵の加工製品の衛生管理
- 野菜への二次汚染防止
- 食肉加工機器、調理器具、機材の洗浄・消毒

▶ポイント◀ 190

サルモネラ属菌による食中毒の原因と予防について示します。

サルモネラの問題点

1）サルモネラ・エンテリティデス（SE）食中毒の減少

SEの特性：産卵鶏が保菌、鶏卵の内部に侵入、原因食品は卵と卵料理

- 鶏卵によるSE食中毒対策として産卵養鶏場の衛生管理の推進、GPセンターでの鶏卵の洗浄・消毒、卵内のSE増殖防止として10℃以下の保存、卵料理の加熱
- 鶏卵のSE汚染はゼロではないことから、これまでの対策を継続、二次汚染対策の徹底

2）SE以外のサルモネラ属菌による食中毒は依然と発生している。
3）食品におけるサルモネラ属菌の汚染は依然として高い
4）サルモネラ属菌による健康保菌率の増加
5）新血清型 *Salmonella* I 4,[5],12:i:-による世界的流行？

▶ポイント◀ 191

サルモネラ属菌による食中毒の問題点を示します。SE による食中毒は鶏卵に対する対策により減少しましたが、SE 以外のサルモネラ属菌食中毒は減少していません。

感染型（3）カンピロバクター

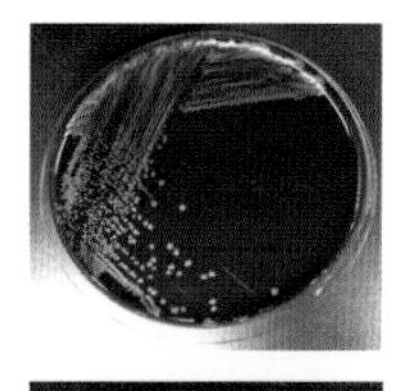

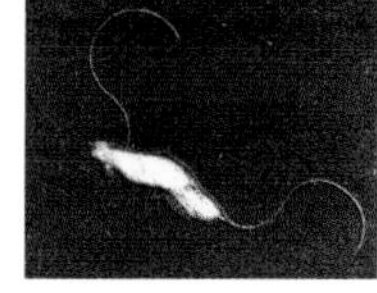

＜提供＞
東京都健康安全研究センター

- グラム陰性、らせん状、幅が細く、糸くず様、1.5~5.0μm×0.2~0.3μm、微好気性
- 特徴
  1）酸素があるところでは増殖せず、死滅する
  2）乾燥には極めて弱い
  3）100個程度で食中毒を起こす
  4）低温ではある程度生存
- 潜伏時間：2～7日
- 症状：下痢、腹痛、発熱
- 一部の患者が、ギラン・バレー症候群を発症（四肢の筋力低下、歩行困難などの運動麻痺）

▶ポイント◀ 192

感染型食中毒起因菌であるカンピロバクターについて説明します。日本では細菌性食中毒の発生件数、患者数ともにカンピロバクターは第１位です。

カンピロバクター食中毒の原因食品別（厚労省の報告：推定を含む）

原因食品	平成22~24年	平成25~27年	平成28~29年
鶏肉料理*	27	20	27
鶏刺し、たたき、ささみ	72	124	67
鶏レバー	18	26	20
牛レバー	29	1	1
豚レバー	1	1	－
焼鳥	19	12	8
焼肉	10	4	9
レバー刺し	10	-	－
バーベキュー	6	2	2
その他**	8	3	5
小計	200(22.5%)	193(29.4%)	139(22.6%)
不明	689(77.5%)	464(70.6%)	477(77.4%)

＊鶏肉料理には一部生食も含まれていると推察される。
＊＊飲料水（2）、井戸水、わき水、麦茶（2）、親子丼（2）、牛肉料理（2）、ステーキ、ローストビーフ、生食肉、サラダ、未殺菌牛乳、かつおの刺身

▶ポイント◀ 193

原因食材としては鶏肉関連のものが多いです。

カンピロバクター食中毒と対策

汚染・感染経路・原因食品

分布：牛や豚もカンピロバクターを保有するが、鶏の保菌率が極めて高く、鶏肉汚染が50％以上、野鳥
原因食品：鶏肉料理、ササミ、鶏刺し、鳥・牛、豚肝臓、焼肉、バーベキュー料理

予防の要点

- 原料肉（特に鶏肉）の管理、凍結、低温保存、肉類から他の食品への二次汚染防止
- 肉類の加熱、75℃、1分以上
- 肉類、肝臓の生食対策
- 野菜への二次汚染防止
- 食肉加工機器、調理器具、機材の洗浄・消毒

▶ポイント◀ 194

カンピロバクターによる食中毒の原因と対策について示します。鶏肉の汚染がとても多いのが特徴です。

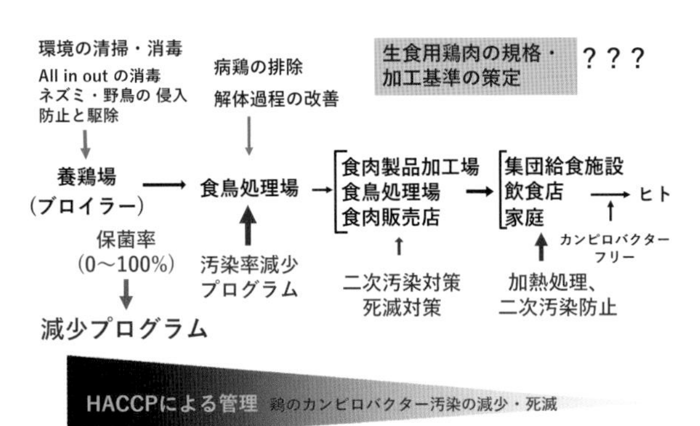

▶ポイント◀ 195

カンピロバクターによる食中毒を防止するための施策を図にしたものです。

感染型（4）腸炎ビブリオ

- グラム陰性、桿菌（湾曲）、1本の鞭毛、通性嫌気性
- 腸炎ビブリオは、食塩（2～8%）がなければ発育しない。
- 好塩性、真水に弱い。
- 病原性
  - 耐熱性溶血毒（TDH）（神奈川現象陽性株）、耐熱性溶血毒類似毒素（TRH）
  - 海に分布する殆どの腸炎ビブリオは非病原性である
  - 潜伏時間：10～18時間
  - 症状：激烈な腹痛、水様性下痢、下血、嘔吐

▶ポイント◀ 196

感染型食中毒起因菌である腸炎ビブリオについて説明します。

生食用生鮮魚介類等の腸炎ビブリオ対策

（平成13年6月日通知、元厚生省資料より）

生産者 → 産地市場 → 水産加工場 → 消費地市場・水産業者 → 飲食店など → 消費者

- 生産者：保存する海水清浄な海水（沖合）
- 産地市場：生食用魚介類の洗浄飲用適の水、人工海水、殺菌海水
- 水産加工場：煮カニなど中心温度75度、1分間以上に保存、飲用適の水、腸炎ビブリオ陰性
- 刺身・むき身貝類汚染防止、品温10度以下に保存、飲用適の水、腸炎ビブリオ100個/g以下
- 消費地市場・水産業者：低温保存
- 飲食店など：冷蔵保存、汚染防止、2日以内に消費
- 消費者：冷蔵保存、2日以内に消費

腸炎ビブリオ汚染率・菌数

▶ポイント◀ 197

腸炎ビブリオによる食中毒を防止するための対策を図に示します。これらの対策で、腸炎ビブリオによる食中毒の発生が大幅に減少しました。

腸炎ビブリオ食中毒と対策

汚染・感染経路・原因食品

分布：沿岸海水、泥土、海産性魚介類
原因食品：刺身、寿司、加熱魚介類、牡蛎、キュウリの塩もみ、イカの塩辛、イクラ、魚介類の加工

予防の要点

- 海産魚介類の真水による洗浄
- 魚介類の衛生管理、低温保存（10℃以下）・流通
- 刺身などの室温放置（2時間以上）
- 加工機器・機材、調理機器の洗浄・消毒
- 生食魚介類の成分規格
- ボイルしたタコ等の成分規格

▶ポイント◀ 198

腸炎ビブリオによる食中毒の原因と対策について示します。

感染型（5）リステリア･モノサイトゲネス

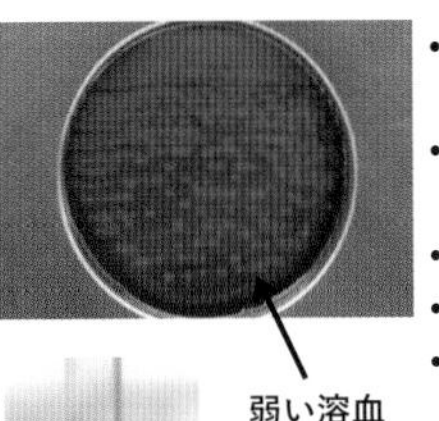

弱い溶血

傘状発育

- グラム陽性性 桿菌、通性嫌気性（微好気的）
- リステリア属は８菌種あるが，病原菌は*L. monocytogenes* のみ
- Ｏ抗原・Ｈ抗原により16血清型に分類
- 低温増殖性、0℃でもゆっくり増殖する
- 環境抵抗性が高い。10%食塩、亜硝酸塩に抵抗する
- 病原性：細胞侵入性、細胞内寄生性

胃腸炎型：潜伏時間9 ～ 48時間、インフルエンザ様症状から下痢など胃腸炎症状
髄膜炎型：潜伏時間2～6週間、敗血症、髄膜炎、致命率20%、妊婦は流産

基礎疾患（癌など）、妊婦、高齢者など易感染宿主が食中毒になりやすい

▶ポイント◀ ―― 199 ―

感染型食中毒起因菌であるリステリア・モノサイトゲネスについて説明します。日本での発生は少ないですが、これから対策が必要になる細菌です。

リステリア･モノサイトゲネス食中毒と対策

汚染・感染経路・原因食品

分布：牛、豚、鶏、野生動物、土壌、河川などの環境に分布、
食肉、乳・乳製品、魚介類、野菜、果物などが汚染

原因食品：牛乳、ナチュラルチーズ、ホットドッグ、サラミチーズ、ミートパテ、エビ、サラダなど
国内ではナチュラルチーズによる１事例がある

予防の要点

- ナチュラルチーズや生ハムなどの非加熱食肉製品については本菌が100 個/gの成分規格を厳守、そのためには製造工程をHACCPによる管理を徹底すること
- 6℃以下の（2～4℃）の低温流通、保存
- 保存温度、賞味期限の厳しい設定
- 高齢者や妊婦など易感染宿主は危険な食品を喫食しない

▶ポイント◀ ―― 200 ―

リステリア・モノサイトゲネスによる食中毒の原因と対策について示します。

感染型（6）ウエルシュ菌

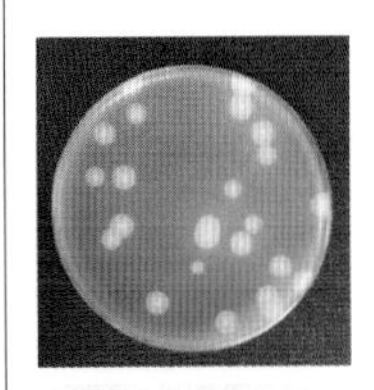

- グラム陽性、桿菌、偏性嫌気性菌　酸素がない環境で増殖
- 食肉類が含まれる加熱調理した食品中で増殖
- 発育温度：15～50℃
- 芽胞は、煮沸（100℃）に1～4時間耐える
- 潜伏時間：8～22時間
- 症状：概して軽症、水様性下痢、腹痛
- 病原性：エンテロトキシン

新型の毒素発見：イオタ毒素様エンテロトキシン

芽胞

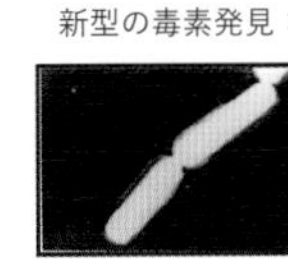

<提供>
東京都健康安全研究センター

▶ポイント◀ ―― 201 ―

感染型食中毒起因菌であるウエルシュ菌について説明します。

東京都内で発生したウエルシュ菌食中毒の原因食品

原因食品		事件数
食肉の調理食品		28
牛肉	ローストビーフ、牛すき、ビーフサンドイッチなど	4
豚肉	チャーシュー、冷やし中華、豚肉団子など	8
鶏肉	鶏肉照り焼き、筑前煮、鶏肉と野菜のクリーム煮、鶏唐揚げ、鶏そぼろ 煮付け、チキンのソース煮など	12
挽肉	スコッチエッグ 、ミートコロッケ、挽肉の厚揚げ詰めなど	4
魚介類等の調理食品 鯵南蛮漬け、塩マスと大根のあら煮、鰊のオーブン焼、むき海老の甘煮、鯨コールミート		8
カレーライス、肉じゃがカレー、カレーシチュー、ドライカレー		12
グラタン、スープ、おでんなど		5
その他 小松菜とえのきの煮びたし、稲荷寿司、オムレツなど		6
仕出弁当、弁当		13
不明		6

▶ポイント◀ ―― 202 ―

ウエルシュ菌食中毒の原因食品別の表を示します。原因食品として食肉の入った煮物の件数が多いです。

ウエルシュ菌食中毒と対策

汚染・感染経路・原因食品

分布：家畜・家禽が保有、淡水並びに海産魚介類、食肉、鶏肉、香辛料、土壌、河川、海泥など

ヒトもほとんどウエルシュ菌を保有するが、食中毒起病性菌の保菌率は低い

原因食品：大量に加熱調理し、加熱後、４時間以上室温に放置された食品、特に食肉、鶏肉、魚肉など蛋白性食品

ハム、ソーセージなどの嫌気的な食品が原因となる例はほとんどない

予防の要点

- 耐熱性の芽胞形成ウエルシュ菌が原因となることから、加熱によっても死滅しない
- 加熱調理後、2時間以内に20°C以下に急冷する
- 加熱調理後小分けにして保存する
- 機具・器材の洗浄、消毒

▶ポイント◀ ― 203 ―

ウエルシュ菌による食中毒の原因と対策について示します。

食品

食品に汚染

加熱調理

芽胞

発芽

放冷

増殖

10万個以上

喫食

人の腸管内

芽胞

エンテロトキシン

発病

下痢・腹痛

概して軽症

▶ポイント◀ ― 204 ―

ウエルシュ菌の生活環を示します。

毒素型（１）黄色ブドウ球菌

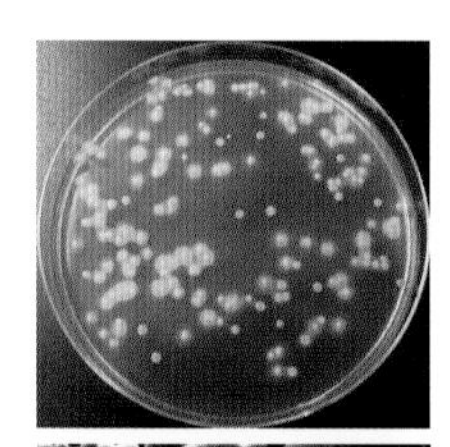

- グラム陽性、球菌、房状、コアグラーゼ陽性、化膿の病原菌
- 毒素：食品中でエンテロトキシン（A、B、C、D、Eなど）を産生する催吐作用
- エンテロトキシンは耐熱性があり、加熱では失活しない
- 耐塩性
- 発育：5～50°Cで発育するが、エンテロトキシンの産生はおおむね18°C以上
- 潜伏時間：1～5時間、平均3時間
- 症状：嘔吐、嘔気、下痢

<提供>
東京都健康安全研究センター

▶ポイント◀ ― 205 ―

ここから、毒素型の食中毒細菌になります。毒素型食中毒起因菌である黄色ブドウ球菌について説明します。

黄色ブドウ球菌食中毒と対策

汚染・感染経路・原因食品

分布：健康なヒトの皮膚、鼻腔、頭髪、手指、体表、腸管内（糞便）、塵埃など環境、動物の体表、乳、化膿創

原因食品：弁当、おにぎり、サンドイッチ、サラダ、洋菓子（ケーキ、シュークリームなど）、和菓子、牛乳

予防の要点

- 手指の洗浄・消毒
- 手に傷や化膿創のある人は素手で食品を扱わない
- 低温保存（10°C以下）
- 産生されたエンテロトキシンは加熱では壊れない

▶ポイント◀ ― 206 ―

黄色ブドウ球菌による食中毒の原因と対策について示します。

脱脂粉乳製造時における危害要因とCCP

黄色ブドウ球菌：増殖防止、死滅対策

T工場における脱脂粉乳製造時にエンテロトキシン産生

1．平成12年3月31日、氷柱が配電室に落下したことにより停電。
2．停電時間：10時57分～13時49分、3時間、その後の計画停電があり、回復まで9時間を要した。
　a. 生乳を50℃加温 → 生クリーム分離 → 脱脂乳の冷却
　　約1,000Lの乳　20～50℃、3～4時間
　b.ライン乳の冷却プレートの組間違え
　　約800Lの乳　20～40℃、9時間

社内検査(4/1)　細菌数 ： 98,000 cfu/ g
　　　　　　　（乳等省令 ： 50,000 cfu/ g 以下）

- 黄色ブドウ球菌の増殖によりエンテロトキシン蓄積の危険性を予測しなかった
- 乳等省令の規格基準を超す細菌数の検出について判断過ち

▶ポイント◀ 207

2000 年 6 月から 7 月にかけて、近畿地方を中心に発生した大規模な食中毒事例です。北海道で脱脂粉乳製造中の停電事故で黄色ブドウ球菌が増殖しエンテロトキシンに汚染され、それを大阪で原料として再溶解して製造した脱脂粉乳を飲んだことにより引き起こされました。

毒素型（2）嘔吐型セレウス菌

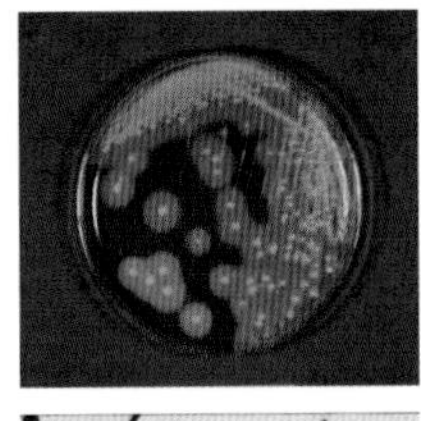

- グラム陽性、桿菌、有芽胞菌、好気性菌
- 嘔吐型セレウス菌の芽胞は煮沸30分でも死滅しない
- 嘔吐型セレウス菌は病因物質であるセレウリ ドを食品内で産生する
- セレウリドは耐熱性であり、通常の調理温度では失活しない
- 潜伏時間：30分～3時間
- 症状：吐き気、嘔吐、下痢、ブドウ球菌食中毒に類似する

▶ポイント◀ 208

毒素型食中毒起因菌である嘔吐型セレウス菌について説明します。セレウス菌は、食中毒の発症の仕方の違いで下痢型と嘔吐型に分けられ、下痢型は感染型食中毒、嘔吐型は毒素型食中毒の起因菌となります。

嘔吐型セレウス菌食中毒の判明した原因食品

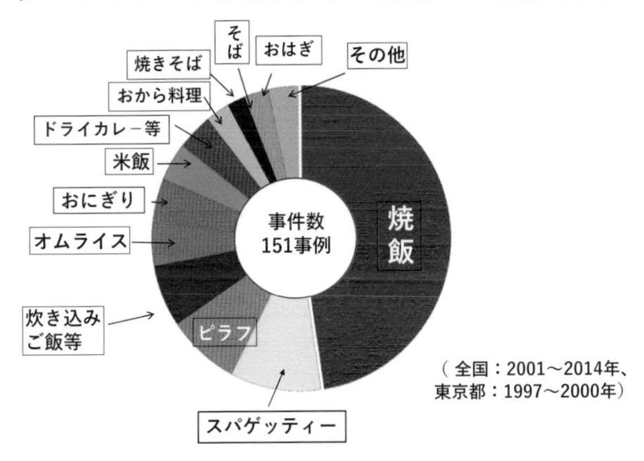

▶ポイント◀ 209

嘔吐型セレウス菌による食中毒の原因食品を示します。米飯や麺類などが原因食品として挙げられています。

嘔吐型セレウス菌食中毒と対策

汚染・感染経路・原因食品

分布：土壌、穀類、豆類、野菜、香辛料、家畜、家禽の腸管内、塵埃、河川水など環境、乳
原因食品：焼飯、ピラフ、スパゲッティー、弁当、パスタ

予防の要点

- 炊飯の温度 / 時間では嘔吐型セレウス菌の芽胞は死滅しない
- 10℃以下の低温保存・・・・・増殖防止
- セレウリドは加熱では失活しない

▶ポイント◀ 210

嘔吐型セレウス菌食中毒による原因と対策について示します。

毒素型（3）ボツリヌス菌

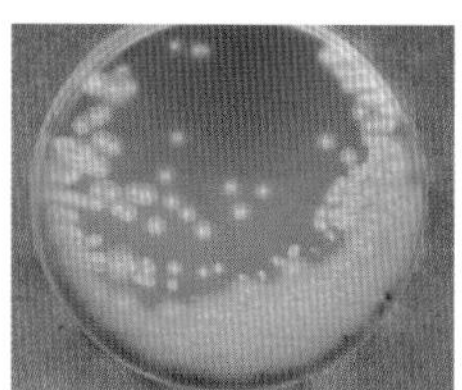

A型ボツリヌス菌

- グラム陽性、桿菌、有芽胞菌、偏性嫌気生菌
- 芽胞 A型：120°C、4分、E型：80°C、6分
- 潜伏時間：8～36時間
- 毒素量により変動、毒素量が多いと3～5 時間で発症、毒素は易熱性
- 缶詰、真空包装食品などで増殖し、産生された毒素で食中毒を起こす
- 症状：初期症状は悪心、嘔吐、視力低下、複視、眼瞼下垂、呼吸困難などの神経麻痺症状、適切な治療が施されないと死亡する、死亡率が高い

乳児ボツリヌス症
1歳以下の乳児は蜂蜜などに汚染された芽胞が、腸管内で増殖し、毒素が産生されてボツリヌス中毒となる。

▶ポイント◀ 211

① 毒素型食中毒起因菌であるボツリヌス菌について説明します。死亡率がとても高い細菌です。

② 成人の場合は腸内環境が整っているために、発症することはありませんが、乳児は、成人とは異なり腸内細菌の環境が整っていないためボツリヌス菌の定着と増殖が起こりやすいとされてボツリヌス菌が増えて毒素を作ってしまうことがあります。

ボツリヌス菌食中毒と対策

汚染・感染経路・原因食品

分布：国内では北海道、東北地方の河川、湖、海岸および琵琶湖にE型ボツリヌス菌が分布。A、B型菌の分布はないと言われている。
欧米の土壌や湖などにはA、B、E型が分布する。

原因食品：いずしなどの発酵食品、缶詰、瓶詰、レトルト類似包装食品

予防の要点

- いずし調製には新鮮な魚を洗浄、腸内容物の除去、pH4.6以下、低温で漬ける
- 瓶詰、缶詰、レトルト食品はA型芽胞が死滅する120°C、4分間加熱又はこれと同等の加熱
- 水分活性0.94以上、pH4.6以上、120°C、4分以下の加熱された容器包装食品は10°C以下の流通・保存・販売、家庭でも冷蔵保存

▶ポイント◀ 212

ボツリヌス菌による原因と対策について示します。

ノロウイルスの特徴

- 30～38nmの小型の球形ウイルス（RNAウイルス）
- 人にのみ感染し、動物などには感染しない
- 人に感染する遺伝子タイプG1 , GⅡ、流行の主体はGⅡ4
- 感染ウイルス量：10～100個のウイルス粒子
- 潜伏時間：24～48時間
- 症状：吐き気、嘔吐、下痢、
  腹痛発熱は経度
  軽い風邪様症状もある
- 小児や子供では嘔吐が頻発、大人では30～50%が嘔吐

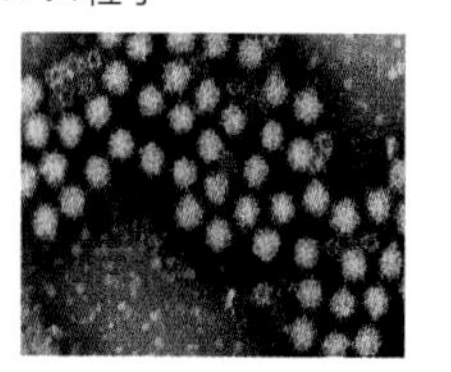

▶ポイント◀ 213

食中毒起因ウイルスであるノロウイルスについて説明します。ノロウイルスは小型のウイルスで、現在 HACCP で最も恐れられる危害要因です。

ノロウイルスの感染経路

患者
汚物と物
エアゾール
ヒト
保有者
床、ノブ、手すりなど
加熱不足
生食
ウイルスを１週間から１ヶ月保有
ウイルス量：10万～10億/g
糞便
食品
二枚貝
浄化処理
プランクトン
河川
→ 食中毒
⇒ ヒト-ヒト感染

▶ポイント◀ 214

ノロウイルスとヒトと環境の関連を図にしたものです。

ノロウイルス食中毒の原因食品

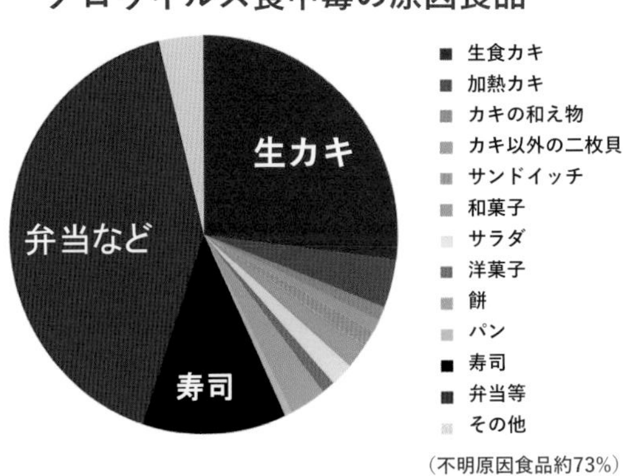

2007～2013年間に原因食品が判明したもの

▶ポイント◀ 215

原因食品が判明したノロウイルスによる食中毒の原因食品を示した図です。

ノロウイルスとインフルエンザウイルスの環境における抵抗性

	インフルエンザウイルス	ノロウイルス*
組織親和性	呼吸器系粘膜細胞	腸管粘膜細胞
感染経路	飛沫感染、接触感染	経口感染、接触感染、吐物の飛沫
ステンレスなど	24～48時間	1週間（室温）
布、絨毯など	8～12時間	2週間（室温）
エアゾール	数時間	1週間
水	2~3週（4℃）	20日(25℃)、60日以上(4℃)
食品	NT	3~4日（室温）
乾燥	短時間	1日(37℃)、20日(20℃)、50日(4℃)

＊ノロウイルスの代替えとしてネコカリシウイルスのデーターを含む

▶ポイント◀ 216

冬季に発生の多いインフルエンザウイルスとの比較になります。ノロウイルスはインフルエンザウイルスよりも乾燥に強いウイルスです。

ノロウイルス食中毒と対策

汚染・感染経路・原因食品

分布：ヒトのみが保有、カキや二枚貝の中腸腺にウイルスが蓄積
患者のと物、手指などを介してヒトからヒトへの感染症

原因食品：カキなど二枚貝、ヒトから汚染したパン、餅、和菓子、ケーキ、サンドイッチ、弁当、惣菜、寿司、給食など

予防の要点

- カキなど二枚貝は85～90°C、90秒以上の加熱
- 手指からの感染が多いことから手洗いと消毒
- 食品製造機器、機材、器具、などの洗浄・消毒
- ノロウイルス保有者の就業制限（ノロウイルスの糞便検査）
- ノロウイルス感染症対策

▶ポイント◀ 217

ノロウイルスによる食中毒の原因と対策について示します。殺菌温度が、一般的な細菌とは異なり85～90℃、90秒以上であることに注意しましょう。

大量調理施設衛生管理マニュアル 平成29年6月16日一部改正

II　重要管理事項
5．その他
（4）調理従事者等の衛生管理

② 調理従事者等は毎日作業開始前に、自らの健康状態を衛生管理者に報告し、衛生管理者はその結果を記録すること。

③ 調理従事者等は臨時職員も含め、定期的な健康診断及び月1回以上の検便を受けること。検便検査には腸管出血性大腸菌の検査を含めることとし、10月から3月までの間には月1回以上又は必要に応じてノロウイルスの検便検査に努めること。

平成28年10月6日通知
必要に応じ10月から3月にはノロウイルスの検査を含めること。

▶ポイント◀ 218

厚労省から示された大量調理施設衛生管理マニュアルの一部です。冬季には、ノロウイルスに対する検便検査が推奨されています。

主な食中毒微生物の特徴（まとめ）

細菌

感染型

1.腸管出血性大腸菌	通性嫌気性	桿菌	腸管内でベロ毒素	乾燥に強い
2.サルモネラ属菌	通性嫌気性	桿菌		乾燥に強い
3.カンピロバクター	微好気性	らせん菌		乾燥に弱い
4.腸炎ビブリオ	通性嫌気性	湾曲した桿菌	腸管内で耐熱性溶血毒素	乾燥に弱い
5.ウエルシュ菌	偏性嫌気性	桿菌、芽胞	腸管内で下痢毒素	

毒素型(食品内で毒素産生)

1.黄色ブドウ球菌	通性嫌気性	球菌	エンテロトキシン	乾燥に弱い
2.嘔吐型セレウス菌	好気性	桿菌、芽胞	セレウリド	
3.ボツリヌス菌	偏性嫌気性	桿菌、芽胞	ボツリヌス毒素	

ウイルス

1. ノロウイルス	人の小腸で増殖	乾燥に抵抗する

▶ポイント◀ 219

食中毒を起こす微生物のまとめを示します。

カビによる危害や食品汚染

カビとは

- 酵母やキノコと同じ真菌の一種
- 環境（空気や土壌）中に普遍的に存在

カビによる食品汚染とヒトへの危害性

- 腐敗などによる品質劣化に寄与する
- 異物として認識される
- 中にはマイコトキシン※1を産生する種が存在する
  （※1マイコトキシンは化学的危害要因の章で解説）
- ヒトへの病原性（水虫・日和見侵襲性感染症など）
- カビアレルギー（喘息、呼吸器系疾患）

▶ポイント◀ 220

① 真菌の一種であるカビは腐敗などを起こし食品の品質劣化に寄与します。

② また、しばしば異物として検出されます。

③ 一部のカビが産生するマイコトキシンは発がん性などヒトへの危害性を示すものがあり、化学的危害要因の１つとなります。

食品中のカビ汚染防除のポイント

- **細菌と比較してカビの方が多様な環境での生育が可能**
  （食品中に混入した場合、増殖しやすい。）

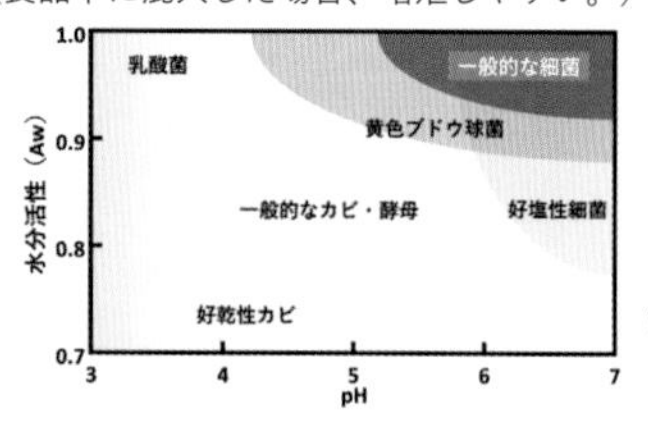

（Toxonomy of mycotoxigenic fungi. Vankudoth et al. 2016 より改変）

- **完全な混入ゼロは細菌より困難**
  →原材料（特に農作物）には高頻度/高濃度で存在
  製造環境にも、無菌室でない限り普遍的に存在
- **各殺菌処理に対する抵抗性は、一般的な細菌よりも高い**
  （加熱、紫外線、オゾン処理など）

▶ポイント◀ 221

① カビは細菌と比較して多様な環境で生育するため、様々な食品において増殖する可能性があります。

② また、土壌や製造環境中に普遍的に存在するため混入を完全に防ぐことは困難です。

HACCPで管理対象になる危害要因

2．化学編　化学物質、生物毒

化学的危害および防止対策
化学的危害要因（特徴と対策）
化学的危害要因の例
自然毒
カビ毒
農薬・有機塩素系化合物
有害元素
遺伝子組換え体・ヒスタミン・細菌性毒素

▶ポイント◀ 222

「化学的危害および防止対策」は、化学的危害要因の一般的な特徴と対策、各論としての実際例から構成されています。

化学的危害要因の特徴

毒性　急性毒性・慢性毒性・（発がん性）
微生物食中毒と比較して、個人差が小さい
挙動　自己増殖しない（例外：プリオン）
安定性　物質によって大きく異なる
熱・光・酵素などによる分解
汚染場所　食材の非意図的汚染（自然毒・有害元素）
食材生産時に使用（農薬・遺伝子組換え体）
食材生産・流通時の非意図的汚染（カビ毒）
食品生産時の非意図的汚染（細菌毒素）

▶ポイント◀ 223

化学的危害要因に関しては、毒性、安定性、汚染場所を考慮する必要があります。また、微生物とは異なり、自己増殖しません。

化学的危害要因の特徴と対策

非意図的汚染
汚染源：汚染時が最大の濃度
疎(親)水性物質 → 水中では局在(溶解)
→ 油中では溶解(局在)
熱などに安定なものが多い

意図的使用（残留農薬）
使用時：基準値以上の農薬が残留しない使用方法
調理中に減衰する成分が多い
対策：残留が許容範囲以下の食材を入手

▶ポイント◀ 224

化学的危害要因は、非意図的汚染と意図的な使用による残留に分けることができます。

化学的危害要因の分類例

天然物　植物性自然毒
動物性自然毒
カビ毒
合成化学物質　農薬・有機塩素系化合物
殺虫剤、殺菌剤、洗剤
無機元素　有害元素
タンパク質　遺伝子組換え体
細菌由来のタンパク質毒素
アレルゲン
プリオン

自然毒に関する厚生労働省のHP
https://www.mhlw.go.jp/stf/seisakunitsuite/bunya/kenkou_iryou/shokuhin/syokuchu/poison/index.html

▶ポイント◀ 225

化学的危害要因を分類すると、天然の低分子化合物、合成化学物質、無機元素、タンパク質に大別できます。

植物性自然毒の例

毒草（身近な植物に多い）
スイセン・トリカブト・アジサイなど

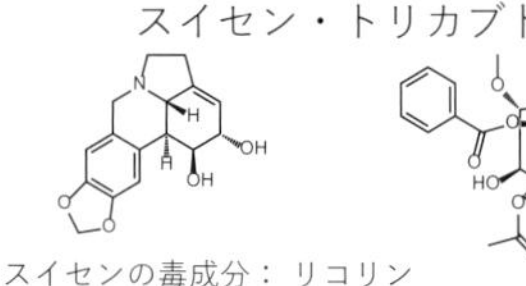

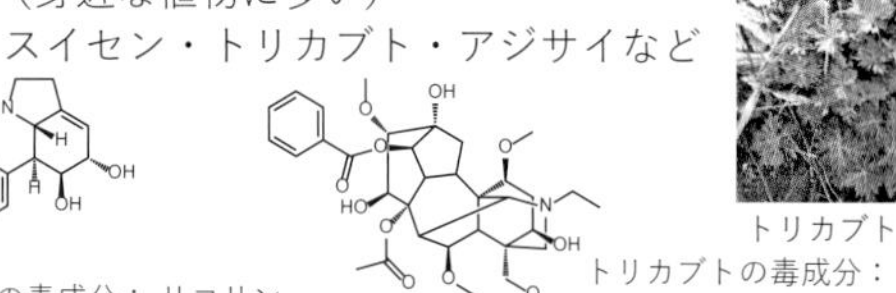

トリカブト（幼苗）

スイセンの毒成分：リコリン

トリカブトの毒成分：アコニチン

毒キノコ（高い毒性を示すものが多い）
ツキヨタケ・ドクツルタケなど

ジャガイモ
本来、毒成分の多いイモを品種改良
α-ソラニンとα-チャコニン
数 mg ～ 数10 mg/100 g含有
LD_{50}値： 450 mg/kg (ウサギ・経口)

▶ポイント◀ 226

植物性自然毒には、大きく分けて毒草と毒キノコがあります。庭で栽培するスイセンをニラと間違えて誤食することが多いです。

毒キノコの例

キノコ毒（9～10月： 植物自然毒の90%）
クサウラベニタケ、ツキヨタケ、カキシメジ
キノコ毒食中毒の67%

ドクツルタケ
キノコ毒死者のほとんど
毒成分： α-アマニチン（8アミノ酸の環状ペプチド）

テングタケ（毒キノコ）

クサウラベニタケ
毒成分： ムスカリンなど
作用： アセチルコリンのアナログ
症状： 下痢、副交感神経末梢の興奮作用
塩基性アルカロイドで水溶性

ムスカリン

アセチルコリン

▶ポイント◀ 227

毒キノコは数多く存在しますが、クサウラベニタケ、ツキヨタケ、カキシメジの 3 種類で毒キノコによる食中毒の 67%を占めます。キノコ毒死者のほとんどはドクツルタケが原因です。

ジャガイモ

特徴：
① 発芽部と緑色部に毒成分のソラニン類が蓄積
② 理科実習などで収穫後、日光下の保存で生合成
③ ソラニン： ソラニジンの配糖体
④ ソラニジン： ステロイド性のアルカロイド
⑤ 症状： 胃腸障害、虚脱、めまい
⑥ 発症の目安： 0.2～0.4 g/人（大人）
⑦ 水溶性

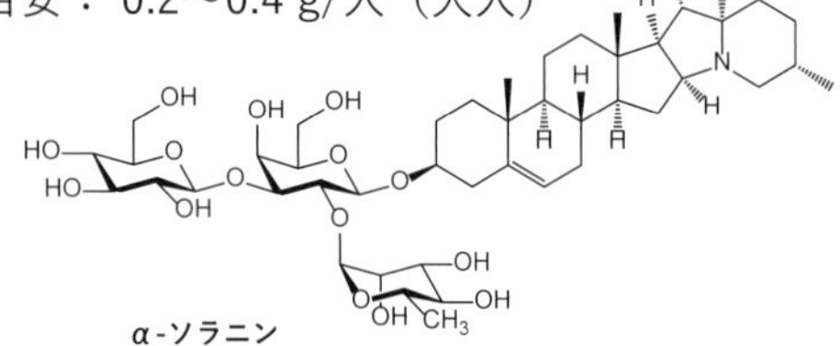

α-ソラニン

▶ポイント◀ 228

ジャガイモ毒の主成分はステロイド性アルカロイドの配糖体で、ソラニンです。

動物性自然毒の例

フグ類： テトロドトキシン
Vibrio 属細菌等から食物連鎖で蓄積
規制対象　→ 漁獲から調理まで

二枚貝： 麻痺性貝毒・下痢性貝毒
有毒プランクトンから食物連鎖で蓄積
規制対象　→ 毒化貝は流通せず

▶ポイント◀ 229

主な動物性自然毒には、フグ毒と貝毒などがあります。いずれも、食物連鎖で微生物から移行、蓄積すると言われています。

フグ毒（テトロドトキシン）

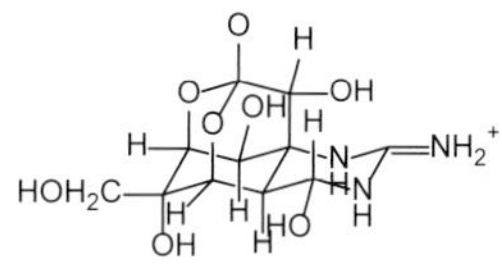

写真はサバフグ

特徴：

① 魚種・生息域で毒力が相違
② 器官ごとに毒力が相違
③ ヒト(体重 50 kg)の最小致死量： 2 mg と推定
④ 呼吸麻痺を主徴とする神経毒
⑤ 耐熱性：調理では壊れない
⑥ 高い極性：水・アルコールに可溶
⑦ 塩基性：酸性水溶液に可溶

▶ポイント◀ 230

フグ毒の本体はテトロドトキシンで、耐熱性で水溶性の性質がある神経毒です。

フグの衛生確保について

（厚生省 環境衛生局 乳肉衛生課長通知
昭和58年12月２日発出）

食品衛生法第６条第２号本文に該当するフグ: 販売不可

- 次表の可食部位以外と 次表以外の種類のフグ
- 岩手県越喜来湾・釜石湾、宮城県雄勝湾で漁獲されるコモンフグ及びヒガンフグ
- 適用外の海域で漁獲されるフグ（次表）
- 一般消費者に対して未処理で販売されるフグ
- 例外規定: 個別の毒性検査によりその毒力が10 MU/ g 以下であることを確認した部位のみを販売　（MU：マウスユニット）

（ただし、厚生労働省医薬・生活衛生局食品監視安全課に予め協議）

▶ポイント◀ 231

フグの衛生管理は厳格で、食することが可能な種類や海域まで規定されています。

可食フグの種類と部位

科名　種類（種名）	部位 筋肉	皮	精巣
フグ科			
クサフグ	○	−	−
コモンフグ	○	−	−
ヒガンフグ	○	−	−
ショウサイフグ	○	−	○
マフグ	○	−	○
メフグ	○	−	○
アカメフグ	○	−	○
トラフグ	○	○	○
カラス	○	○	○
シマフグゴマフグ	○	−	○
カナフグ	○	○	○

科名　種類（種名）	部位 筋肉	皮	精巣
フグ科			
シロサバフグ	○	○	○
クロサバフグ	○	○	○
ヨリトフグ	○	○	○
サンサイフグ	○	−	−
ハリセンボン科			
イシガキフグ	○	○	○
ハリセンボン	○	○	○
ヒトヅラハリセンボン	○	○	○
ネズミフグ	○	○	○
ハコフグ科			
ハコフグ	○	−	○

（日本の沿岸域、日本海、渤海、黄海及び東シナ海で漁獲されるフグに適用）

▶ポイント◀ 232

食することが可能なフグの可食部位を種類ごとに分類しています。トラフグでは大丈夫な精巣や皮を食べてはいけないフグが存在することに注意しましょう。

フグの処理が可能な食品事業者

- **都道府県知事等が有毒部位の確実な除去等の処理ができると認める者及び施設**
  - 都道府県知事等が実施する講習会を受講した者
  - 例外規定： 当該受講したの者監督下で従事する者
- **保健所に届け出た飲食店営業、魚介類販売業及び魚介類の加工業者**
  - 義務： 届出済票(保健所交付) を見やすく掲示すること

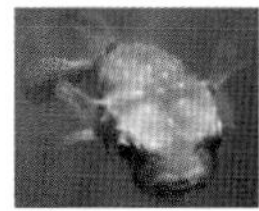

イシガキフグ

ハコフグの幼魚

▶ポイント◀ 233

フグの調理は、講習会を受講して合格した者に限られます。

麻痺性貝毒（サキシトキシン）

特徴：

- ホタテ、カキ、アサリなどの２枚貝で発生
- 北海道から沖縄までの広い範囲で発生
- 渦鞭毛藻が合成し、食物連鎖で濃縮
- 二枚貝の中腸腺に蓄積
- 症状：フグ毒同様に呼吸麻痺を起こす神経毒
- 耐熱性：中性から弱酸性溶液中では安定、アルカリ性では不安定
- 水溶性

▶ポイント◀ 234

貝毒の１つにサキシトキシン があります。神経毒で、呼吸麻痺を起こします。

食中毒防止策

- 定期的に有毒プランクトンの出現を監視
- 重要貝類の毒性値を測定
- 規制値: 4 MU/g(可食部)
- 規制値を超えたものは出荷規制

▶ポイント◀ 235

サキシトキシン による二枚貝の汚染は定期的に監視されており、規制値を超えると出荷が規制されます。

下痢性貝毒（オカダ酸）

特徴：

- ホタテ、カキ、アサリなどの２枚貝で発生
- 4～9月に発生
- ジノフィシス属のプランクトンが合成
- 二枚貝の中腸腺に蓄積
- 症状：下痢・嘔吐など(ヒトの死亡例は報告なし)
- 耐熱性： 調理では壊れない
- 高い極性： メタノール、アセトンに可溶

▶ポイント◀ 236

もう１つの貝毒にオカダ酸があります。こちらは、下痢や嘔吐を生じますが、死亡例の報告はありません。

食中毒防止策

- 定期的に有毒プランクトンの出現を監視
- 重要貝類の毒性値を測定
- 規制値：0.16 mg オカダ酸当量/kg(可食部)
- 規制値を超えたものは出荷規制

▶ポイント◀ 237

オカダ酸による二枚貝の汚染も定期的に監視されており、規制値を超えると出荷が規制されます。

カビ毒の例

植物病原菌や貯蔵穀物などに発生するカビが産生
ヒトや家畜の健康に悪影響を及ぼす化学物質

アフラトキシン
- 全ての食品に基準値を設定

デオキシニバレノール
- 麦類の生産・貯蔵段階の汚染
- 基準値を設定

パツリン
- りんご生産から果汁製造段階の汚染
- 基準値を設定

オクラトキシン A とフモニシン
- コーデックス基準あり

▶ポイント◀ 238－

主なカビ毒には、アフラトキシン、デオキシニバレノール、パツリン、オクラトキシン A、フモニシンなどがあります。

アフラトキシン

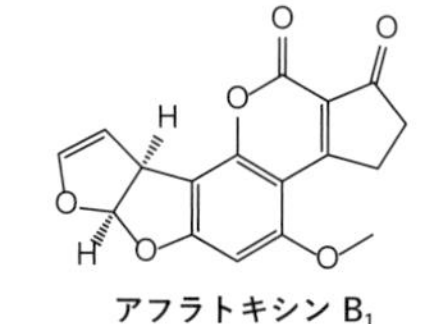

アフラトキシン B_1

特徴：

① *Aspergillus flavus*等が産生
② アフラトキシン(AF)B_1：最も発がん性の高い天然物
③ 熱帯地方で貯蔵中の不適切な穀類などの管理で発生
④ 肝臓の代謝酵素シトクロムP450によってエポキシ化
DNAと結合して付加体を形成→ 肝臓に毒性・発がん性
⑤ AFB_1、AFB_2 、AFG_1 、AFG_2の総量で規制
基準値: 全食品中で10 μg/kg
(コーデックス：落花生 (加工用原料)で15 μg/kgなど)
⑥ 非極性溶媒：不溶性、極性溶媒: 易溶性

▶ポイント◀ 239－

アフラトキシンは、DNA と結合して付加体を形成する発がん性物質です。肝臓毒性を主因とする急性毒性が高いことも特徴です。

デオキシニバレノール(DON)

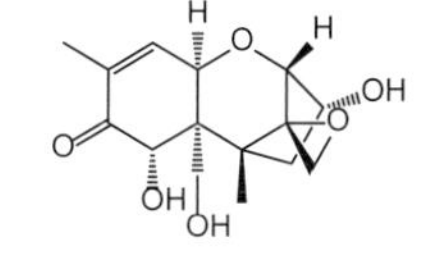

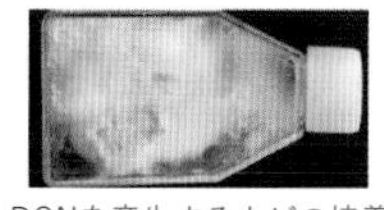

DONを産生するカビの培養

特徴：

① 赤カビ病の原因となる*Fusarium*属のカビが産生
② 世界の温帯各地で麦・トウモロコシに発生
③ 大量摂取：嘔吐や食欲不振の症状(急性毒性)
④ 慢性毒性：免疫系に影響
⑤ 暫定基準値：小麦 1.1 ppm (mg/kg)
(コーデックス: 小麦・大麦・トウモロコシ (加工用原料)で 2 mg/kg以下など)
⑥ 溶解性：メタノールに易溶性

▶ポイント◀ 240－

デオキシニバレノールの発がん性は知られていません。しかし、麦類の病原菌が産生する毒成分であり、国内産の小麦や大麦などで生じます。

パツリン

特徴：

① *Penicillium expansum*等(りんごの腐敗菌)が産生
② りんごの収穫・輸送時の損傷部から侵入
③ 貯蔵中の不適切な管理で産生
④ 細胞膜表層のグルタチオンと結合し、活性酸素の還元を阻害（弱い毒性)
⑤ 消化管の充血・出血・潰瘍などの症状
⑥ 基準値：りんごジュース中で0.050 ppm
(コーデックス: りんご果汁および他の飲料のりんご果汁原料：50 μg/kg)
⑦ 水溶性

▶ポイント◀ 241－

りんごの腐敗菌が産生する毒成分です。菌は収穫や輸送の際に生じた損傷部から侵入するので、ジュースの材料としてのりんごに特に注意が必要です。

残留農薬

ポジティブリスト制度: 全ての農薬が原則規制された状態で、使用・残留を認めるものをリスト化

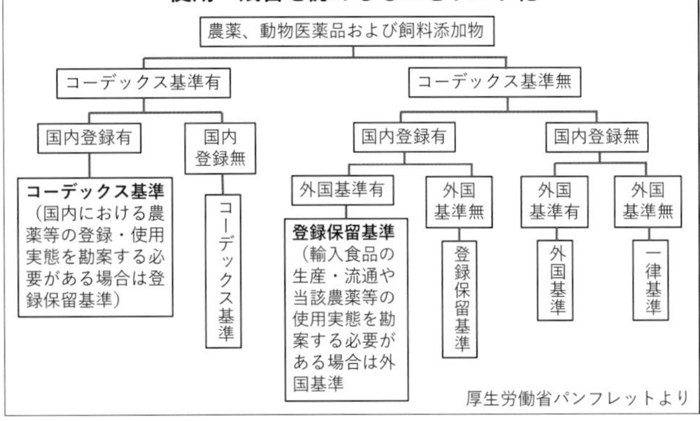

厚生労働省パンフレットより

▶ポイント◀ 242

残留農薬規制は、食品衛生法の改正により2006 年からポジティブリスト制度に移行しました。

残留農薬基準値の設定

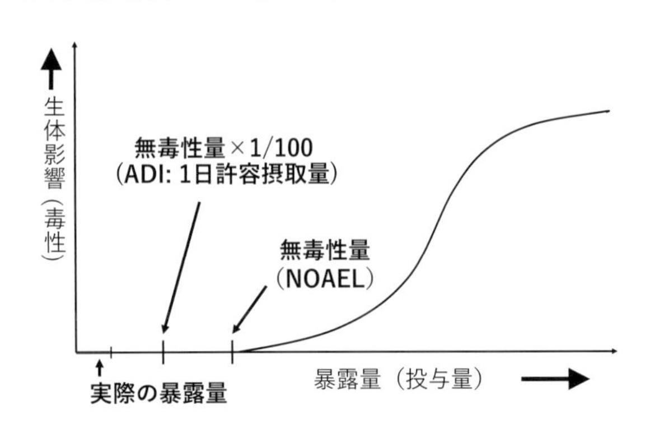

▶ポイント◀ 243

① 残留農薬の急性毒性と実際に許容される暴露量の関係性を示したグラフです。このグラフは、農薬だけではなく化学物質全般の毒性にも当てはまります。

② 1 日許容摂取量（ADI）：ある物質を毎日一生涯にわたって摂取し続けても、現在の科学的知見からみて健康への悪影響がないと推定される 1 日当たりの摂取量のことです。

農薬（例 アゾキシストロビン）

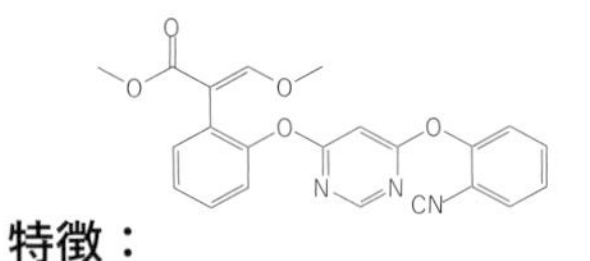

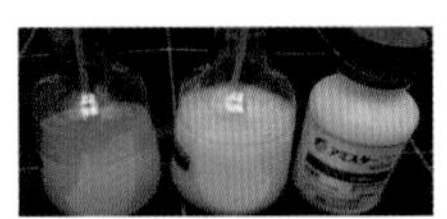
市販のアゾキシストロビン製剤

特徴：

① ストロビルリン系殺菌剤
② 植物病原菌の電子伝達系に存在する複合体Ⅲを阻害することで、ATPの生合成を抑制
③ ラットを用いた2年間慢性毒性 / 発がん性試験の無毒性量 18.2 mg/kg 体重/日
　→ ADI： 0.18 mg/kg 体重/日
④ 極性溶媒に可溶、水に不溶
⑤ 基準値の例：玄米 0.2 ppm、キャベツ 5 ppm

▶ポイント◀ 244

代表的な農薬である殺菌剤アゾキシストロビンの性質がまとめてあります。作用機序が明確で、毒性が低いことに注目しましょう。

農薬（例 メタミドフォス）

$H_3C-S-P(=O)(NH_2)-O-CH_3$

特徴：

① 有機リン系殺虫剤
② ヒトへの毒性が高いため、日本では登録されず
③ ADI：0.0006 mg/kg 体重/日
④ ARfD：0.003 mg/kg 体重/日
⑤ 神経伝達物質アセチルコリンを分解するコリンエステラーゼの活性を阻害
⑥ 冷凍餃子事件の原因物質
⑦ アセフェートが分解しても生成 → メタミドフォス
⑧ 水、アルコール、アセトン等に可溶
⑨ 基準値の例：玄米 0.01 ppm、キャベツ 1.0 ppm

▶ポイント◀ 245

① 日本では、使用されていない有機リン系殺虫剤メタミドフォスの性質が纏めてあります。神経伝達に関わる酵素活性の阻害剤で高い毒性を示します。

② 急性参照用量 (ARfD): ある物質を 24 時間またはそれより短い時間経口摂取した場合に健康に悪影響を示さないと推定される 1 日当たりの摂取量のことです。

ダイオキシン類

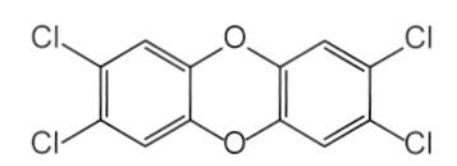

2,3,7,8-テトラクロロジベンゾ-1,4-ジオキシン
(2,3,7,8-TCDD)

食品からのダイオキシン類の一日摂取量（平成27年度調査）

- **0.64 pg TEQ / kg 体重 / 日**
  (0.23 ～1.67 pg TEQ / kg 体重 / 日)と推定
- **TDI：4 pg TEQ / kg 体重 / 日**

一部の魚介類等からは依然として比較的高い濃度が検出
(平成27年度以前の調査結果)

TEQ：Toxic Equivalent（毒性等量）の略称。ダイオキシン類は通常、塩素の結合位置と数の異なる類似化合物の混合体として環境中に存在し、各々の毒性が異なるため、混合物の毒性としては、各類似化合物の量に各々の毒性（最も毒性が強いとされる2,3,7,8－TCDDの毒性を1とし、その相対値として表した係数）を乗じた値を合計した毒性等量（TEQ）として表す。

▶ポイント◀ 246

①　ダイオキシンの骨格は非常に安定で、平面構造を取っていることに注目しましょう。

②　耐容１日摂取量（TDI）は、人が一生涯にわたり摂取しても健康に対する有害な影響が現れないと判断される体重１kg 当たりの１日当たり摂取量のことです。

水銀

特徴：

①　アルキル基やフェニル基が結合した有機水銀
②　脂溶性となり、生体中に蓄積
③　穀類、野菜、果物：0.02 ppm以下程度で存在
④　沿岸魚：0.01～1 ppm程度存在
⑤　カツオ、マグロなど：0.3～2 ppm存在
⑥　魚介類によっては、胎児に影響する量を含有

水銀の暫定基準値：

魚介類に総水銀0.4 ppm、メチル水銀0.3 ppm
例外規定：マグロ類（マグロ、カジキおよびカツオ）、
内水面水域の河川産の魚介類、
深海性魚介類等

▶ポイント◀ 247

水銀はカツオやマグロなどの肉食性回遊魚に多く含まれ、暫定基準値を超える場合があります。一方で、低濃度の水銀摂取が胎児に影響を与える可能性を懸念する報告があるので、妊娠中の方は食事の際に取りすぎないよう注意が必要です。

カドミウム (Cd)

特徴：

①　タンパク質と結合したCdが消化によりCd^{2+}へ
②　十二指腸中でトランスポータと結合して吸収
③　土壌又は水など環境中に広く存在
④　米、野菜、果実、肉、魚など多くの食品に存在
⑤　日本人の１日摂取量：21.1 mg (2007年度調査)
⑥　摂取量の約４割が米に由来

Cdの基準値:

米：0.4 mg/kg
清涼飲料水：不検出
(コーデックス：精米0.4 mg/kg、ミネラルウォーター 0.003 mg/L)

▶ポイント◀ 248

カドミウムの摂取は、米食に由来するものが４割を占めると言われています。国内の水田を中心とした農用地については、土壌の汚染防止等に関する法律に基づき、カドミウム汚染を除去するための客土（非汚染土による盛り土）などの対策が取られています。その結果、通常の食生活を送っていれば、食品に含まれるカドミウムによって健康が損なわれることはないと考えられています。

ヒスタミン

化学性食中毒の主要な要因：
大人1人当たり 22~320 mgの摂取で発症

①　肥満細胞の主要な化学伝達物質（アレルギー様症状を惹起）
②　赤身魚: マグロ、カツオなどのミオグロビンがプロテアーゼで加水分解して、ヒスチジンが生成
③　細菌によりヒスチジンが脱炭酸され、ヒスタミンが生成

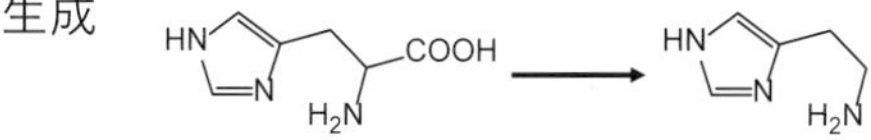

④　熱に安定 → 生成後の除去は困難
⑤　予防策１：魚は冷蔵 or 冷凍管理
⑥　予防策２：エラや消化管などを速やかに除去

▶ポイント◀ 249

ヒスタミンは、酸素を運ぶ赤色タンパク質ミオグロビンの分解産物です。細菌によって、ミオグロビンを構成するアミノ酸の１つヒスチジンが脱炭酸されて生成します。ミオグロビンを多く含む青魚で生成しやすいので、青魚の鮮度には特に注意して在庫期間を短縮するとともに低温管理する必要があります。

HACCPで管理対象になる危害要因

3. 物理編　異物

物理学的危害および防止対策（異物）

▶ポイント◀ 250

主要な物理学的危害として異物が挙げられます。

異物とは

その食品に入ってはいけないものは全て異物

- ガラス片、小石、プラスチック片、ホッチキスの針など
- 食用以外の種子、もみ殻、わらなど植物片
- 髪の毛、動物の毛、虫など
- 包装紙、紙くず、糸くずなど

殻付きゆで卵の殻はOK
卵サラダに卵の殻が入っていたら異物！

▶ポイント◀ 251

① 生産、貯蔵、流通の過程で食品中に侵入または迷入したあらゆる有形外来物が異物となります。

② 不適切な環境や取扱い方によって生じると考えられます。

③ 同じ物質でも状況によっては異物となります。

食品衛生法における「異物」の取り扱い

第2章　食品及び添加物
〔不衛生な食品又は添加物の販売等の禁止〕

第6条　次に掲げる食品又は添加物は、これを販売し（不特定又は多数の者に授与する販売以外の 場合を含む。以下同じ。）、又は販売の用に供するために、採取し、製造し、輸入し、加工し、使用し、調理し、貯蔵し、若しくは陳列してはならない。

一　腐敗し、若しくは変敗したもの又は未熟であるもの。ただし、一般に人の健康を損なうおそれがなく飲食に適すると認められているものは、この限りでない。
二　有毒な若しくは有害な物質が含まれ、若しくは付着し、又はこれらの疑いのあるもの。ただし、人の健康を損なうおそれがない場合として厚生労働大臣が定める場合においては、この限りでない。
三　病原微生物により汚染され、又その疑いがあり、人の健康を損なうおそれがあるもの。
四　不潔、異物の混入又は添加その他の事由により、人の健康を損なうおそれがあるもの。

▶ポイント◀ 252

日本において、異物に関する法的な規制は、「食品衛生法」第６条４号に記載されています。

異物の種類

食品の製造過程で混入する異物には・・

種類	由来	具体的な事例
動物性異物	ヒト	毛髪、爪、歯など
	虫	ハエ、ゴキブリ、虫片、寄生虫、排泄物など
	その他	羽、毛、動物の糞、骨など
植物性異物	植物	植物片、種子、木片など
	微生物	細菌、カビ、酵母など
	その他	紙類、糸くず、布など
鉱物性異物	金属	釘、ねじ、針、針金、金属片など
	鉱物	ガラス片、小石や砂、貝殻片、セメント片など
	樹脂	ビニール片、プラスチック片、ゴムなど

▶ポイント◀ 253

異物は、その由来や性質等から動物性異物、植物性異物および鉱物性異物の３種類に分けられます。

物理的危害原因物質

HACCPでの直接管理対象は「危険異物」

「危害原因としての異物」≠「苦情の対象」

異物混入は、苦情の３割以上

一般消費者が喫食時に不快あるいは不安を覚える要素

- 原材料に由来するもの：肉の軟骨、卵のミートスポットなど
- 製造・加工工程での生成物または残存物：焼きコゲ、刺身の骨など
- 保存中の生成物：乾燥肉の表面に析出物、ワインに析出した酒石酸塩など
- 他の食品の混入(コンタミネーション)

▶ポイント◀ 254

① HACCP において対象となる異物は危害要因としての異物（危険異物）のみです。金属などの硬質異物を考慮する必要があります。

② 異物混入は一般消費者から寄せられる苦情の３割以上を占めますが、苦情の対象となる異物は危害原因となるものばかりではありません。

何のために異物混入を防ぐ？

一般消費者（お客様）の安全を守るため！！
→且つ、会社を守るため！　従業員を守るため！

＜異物混入のダメージ＞

- 「食品衛生法違反」となり法的な処罰
- 全ての商品価値を損ねる
- 企業イメージダウン

消費者によるSNSへの投稿

問題発生と同時に世の中にオープンになる時代
異物混入が命取りとなる！

【異物検査の重要性】常に異物混入防止に目を光らせておく

▶ポイント◀ 255

① 異物混入は企業側にも大きなダメージを与えます。

② 異物混入の防除は消費者の安全を守るための対策であり、同時に会社を守るため、そして従業員を守るためにも重要な対策です。

混入しやすい異物

- **従業員の衣服など**
  （繊維くず・毛髪・手袋の切れ端）
- 機械の破片やねじ、さび（金属）
- **パッケージの切れ端**
- **昆虫**
- **その他工場で使用している製品の一部**

▶ポイント◀ 256

食品の製造過程で混入する異物は、その製品の製造の現場にあるものです。

食品における異物混入苦情の状況

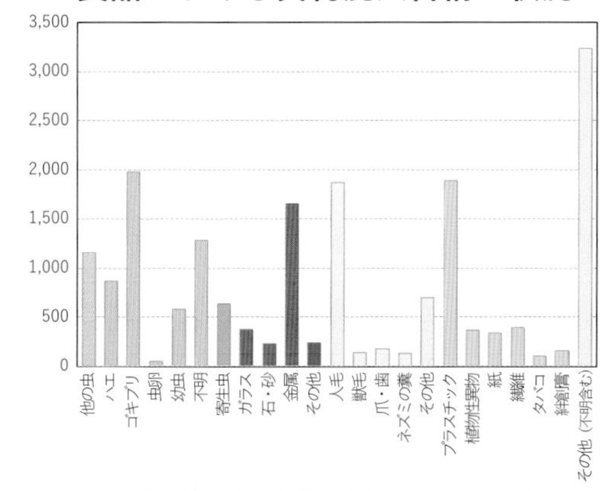

東京都に寄せられた混入異物の内訳（1997～2018年度）

▶ポイント◀ 257

① 保健所等に消費者から寄せられる異物混入苦情をまとめたグラフです。

② 全てが製造過程での混入とは限りません。

③ 虫や人毛の混入と同程度に金属などの鉱物の混入による苦情が寄せられています。

金属異物は危害評価の最も高い異物

◆ **「健康への悪影響」**
口内を切る・歯を損傷する等の健康被害（肉体的損傷）を生じる危険性

◆ **「混入の起こりやすさ」**
強度やサニタリー性を重視し、食品製造機器にはステンレスを中心とした金属が多用されるが、ネジの脱落やパーツ破損など、機器のメンテナンス不足、管理不足による混入が発生しやすい
（その他、原材料における混入も考えらえれる）

▶ポイント◀ 258

① HACCP の対象となる危険異物として主なものに金属異物が挙げられます。

② 食品工場等では、製品への混入の起こりやすさや喫食時の健康被害の大きさから、金属異物の混入防止が最も重要な対策に位置付けられています。

金属異物の材質・形状

（1）サビ
使用されているネジやパーツがサビにより脱落し、混入

（2）金属粉
製造機器同士の接触による摩耗が主な原因
健康被害は考えにくいものの、変色した金属粉が食品中の異物として認識される

（3）粒状の削りかす
金属たわしが多くを占める

▶ポイント◀ 259

① 金属異物にも様々な形状のものがあります。

② 金属粉などは目視や金属検出器での発見ができないため管理が難しいです。

③ 近年、金属たわしは食品工場ではほとんど使用されなくなりましたが、飲食店等ではまだ多く見られます。

混入異物(金属)の大きさの各国の基準

国・地域	条件
日本	種類や大きさなどの具体的な基準はない。 ※人の健康を損なうおそれがあるものの販売等を禁止(食品衛生法第6条)
米国	「最大寸法7mm以下の異物は外傷・重傷の原因にはほとんどならない」と結論（特別リスクグループを除く） ※ FDA（米国医薬食品局）が、食品中の硬く鋭利な異物が含まれていたケース190件の評価を実施
EU	食品異物混入基準は明記されていない。 ※一般食品法規則178のガイドラインに、食品異物混入に関する説明
韓国	長さ2.0mm以上の異物が検出されてはいけない（粉末、ペースト、液状の食品） ※ 口の中で異物を感知できるのは2.0mm程度以上のものと判断

▶ポイント◀ 260

① 管理をすべき異物の基準は国によって異なっています。

② 製造した食品を輸出する場合には各国の基準を熟知している必要があります。

金属を例にした混入防止対策の考え方 ①

<異物混入防止3原則>

作らない　持ち込まない　取り除く

▶ポイント◀ 261

① 食中毒を防ぐ 3 原則として「つけない」「増やさない」「やっつける」というものがありますが、金属を例に異物混入を防ぐ 3 原則を考えます。

② 毛髪や虫なども土台は同じですから、これらの混入の対策にも有用です。

金属を例にした混入防止対策の考え方②

（1）作らない

製造備品の定期的なメンテナンス

- 日々の点検を行い、適正な状態で使用する
- 終業時にも点検し、製造時に生じた破損を速やかに察知する

異物になり難い物品の選定

- スチールウールやステンレスタワシを使わない
- 折刃式カッターではなく一枚刃のカッターナイフを用いる

▶ポイント◀ 262

① 3原則の1つ目は「作らない」です。

② 製造機器や備品の点検を行うことで、破損等を速やかに見つけることができます。

③ 異物の原因となる備品を考え、破損したり摩耗したりしにくいものに置き換えることも重要です。

金属を例にした混入防止対策の考え方③

（2）持ち込まない

作業者の物品持ち込み制限

ポケットの無い作業服の導入

使用原材料の受け入れ時チェック

想定外の金属混入がないか確認

→「取り除く」へ

▶ポイント◀ 263

① 3原則の2つ目は「持ち込まない」です。

② 異物は製造・流通現場に持ち込まれるものすべてから生じる可能性があります。

③ 作業者の教育は重要ですが、そもそも持ち込みが起こらない設備、作業手順を組むことが有効です。

④ 原材料のチェックも忘れずに。

金属を例にした混入防止対策の考え方④

（3）取り除く

製品に最終的に異物混入がないかチェックする

- **ストレーナー**
- **メッシュ**
- **スクリーンなどの篩（ふるい）掛け**
- **マグネット**
- **金属検出機**
- **X線装置**
  - ✓ 機器の性質を理解することも重要
  - ✓ 何を除けるのか、どのサイズまで除けるのか
  - ✓ 何を検出可能か、どのサイズまで検出可能かなど

▶ポイント◀ 264

① 3原則の最後は「取り除く」です。

② 異物の大きさや性質、また製品の形状に合わせた様々な方法が考えられます。

③ 金属検出器やX線装置は万能ではありません。どのような物質を検出できるか、機器の性質を理解して使用することが重要です。

異物混入になりやすい製造所内の物

- **セロテープ**
  仮止めや補修に使用している場合があるが、劣化して剥がれ落ちやすい
  できる限り使用しない
- **洗浄用ブラシの毛など**
  混入が目視で分かりやすいように、製品と異なる奇抜な色のものを使用
- **原材料容器や製品パッケージの破片**
  納品時の確認を徹底する
- **製造機器等の破片**
  破損しにくい材料のものを使用する
  （プラスチック製のものをステンレス製のものに変更するなど）
- **作業員の毛髪**
  入室時の除去（エアーシャワー等）、作業着の工夫、従業員の教育

混入防止3原則（作らない・持ち込まない・取り除く）は同じ

※ただし、検出器での検出が難しいものが多い

▶ポイント◀ 265

製造所内の物品が異物混入の原因となる場合もあります。それらの中には金属検出器やX線装置などでは検出が困難なものがありますので、混入防止3原則の内「作らない」「持ち込まない」対策が重要です。

HACCPで管理対象になる危害要因

4. アレルギー

アレルギーとは

アレルギーは、外界からの異物を排除するために働く「免疫システム」が特定の物質に対して過剰に反応すること

▶ポイント◀ 266

私たちの体には、病原体など体内外の異物（非自己物質）から体を守るための防衛機構（免疫システム）があります。このシステムに異常が生じ、体に害のないもの（花粉や食品）に対して過剰に反応してしまい、自分自身に影響を及ぼすことをアレルギーといいます。

日本人のアレルギー

およそ3人に1人が何らかのアレルギーに罹患（平成17年）

およそ2人に1人が何らかのアレルギーに罹患（平成23年）

平成17年		平成23年
約400万人が罹患。過去30年で増加。小児：1% → 5%、成人：1% → 3%	喘息	約800万人が罹患。平成20年の有症率は、幼稚園児：19.9%、6-7歳：13.8%、13-14歳：8.3%
平成13年の財団法人日本アレルギー協会の全国調査では、スギ花粉症の有症率は12%	花粉を含むアレルギー性鼻炎	平成18年の全国11か所における有病率調査では、鼻アレルギー症状を有する頻度は47.2%
平成13～14年厚生科研による全国調査では、4か月児：12.8%、1歳半児：9.8%、3歳児：13.2%、小学1年生：11.8%、小学6年生；10.6%、大学生：8.2%	アトピー性皮膚炎	アトピー性皮膚炎治療ガイドライン2008によると、4か月児～6歳児：12%前後、20代～30代：9%前後
平成15-17年度の調査では、乳児：10%、3歳児：4-5%、学童期：2-3%、成人：1-2%	食物アレルギー	アレルギー疾患診断治療ガイドライン2010によると、大規模有病率調査の結果、乳児：5～10%、学童期：1～2%と考えられる（成人は不明）。

リウマチ・アレルギー対策委員会報告書より

▶ポイント◀ 267

① 近年、アレルギーに罹患している人が増加しています。

② 花粉症の人が増えていることを実感している人も多いと思いますが、日本人の2人に1人は何らかのアレルギーを抱えていると考えられています。

紀元前からあった食物アレルギー

食物アレルギーの記述が残っている！

What is food to one man is bitter poison to others.

ある人にとって食物となるものは、別の人にとっては苦い毒となることもある

ルクレティウス（BC94?～BC55?）

▶ポイント◀ 268

① アレルギー（Allergy）という言葉は1906年にピルケという小児科医によって作られたのですが、紀元前から食物アレルギーは知られていました。

② 西洋医学の父と呼ばれたヒポクラテスも蕁麻疹の原因としてチーズや牛乳を挙げていたようです。

アレルゲン

食物アレルギーでは食品がアレルゲンとして働く

吸入性アレルゲン	経口性（食物）アレルゲン	接触性アレルゲン
・カビ	・卵	・金属
・ダニ	・小麦	・漆
・花粉	・そば	・イチョウ
・ペットの毛	・大豆	・ゴム

▶ポイント◀ 269

① アレルギーを引き起こす物質（抗原）をアレルゲンと言います。

② 様々な物質がアレルゲンとなりえますが、食物アレルギーでは食品成分がアレルゲンとして働きます。

食物アレルギー

原因食物を摂取した後に免疫学的機序を介して生体にとって不利益な症状が惹起される現象

▶ポイント◀ 270

① 食物アレルギーは、本来ならば体にとって栄養となるはずの食物に対して、過剰に免疫反応が起きる現象を指します。

② アレルギーですので、免疫学的機序を介した反応で、細菌性の食中毒など免疫学的機序を介さないものとは区別されます。

食物アレルギーの起きる仕組み

- Ⅰ～Ⅳ型の四つの型がある。

→ 代表的なのは Ⅰ型（即時型） とⅣ型（遅延型）
→IgE依存型 →非IgE依存型

<Ⅰ型アレルギーの仕組み>

(1) 抗原が体内に侵入　(2) IgE抗体が作られ、マスト細胞にくっつく　(3) 再侵入した抗原がIgE抗体に結合（感作）→マスト細胞から化学伝達物質放出（脱顆粒）

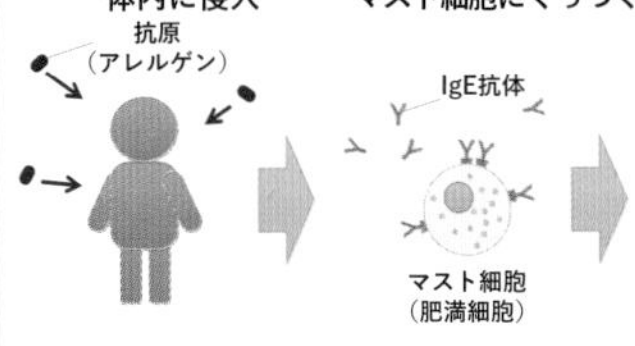

発症

▶ポイント◀ 271

① アレルギーの発症機序は大きく 4 つ（もしくは 5 つ）に分けられ、そのうち I 型と Ⅳ 型が食物アレルギーに関わっています。

② 主なものは IgE 抗体・マスト細胞による I 型アレルギーで、多くの場合、食べた直後から 2 時間以内に反応が起こるため即時型アレルギーと呼ばれています。

食物アレルギーの症状

食後～2時間以内にヒトによって様々な症状が出る

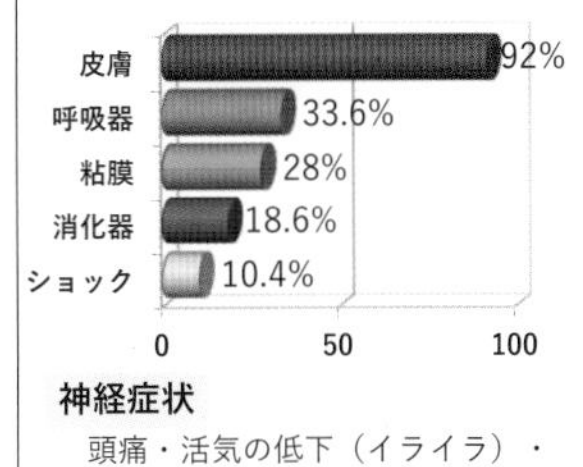

皮膚症状
紅斑・じんま疹・湿疹

呼吸器症状
咽頭違和感・声がかすれる・咳・喘鳴・呼吸困難

粘膜症状
目のかゆみ・粘膜充血・眼瞼浮腫・鼻汁・鼻閉・くしゃみ・腫脹（口腔、口唇、舌）

消化器症状
悪心・腹痛・嘔吐・下痢

神経症状
頭痛・活気の低下（イライラ）・意識障害　・失禁

全身の症状
意識喪失・血圧低下・脈拍低下・四肢冷感・蒼白(末梢循環不全)

二つ以上症状が出ると「アナフィラキシー」

食物アレルギー診療ガイドライン2016より

▶ポイント◀ 272

① 体の様々な場所で症状が見られます。

② 食物なので消化器系での反応を思い浮かべるかもしれませんが、皮膚症状が最も多く見られます。

③ 一度に複数の箇所で症状が生じることもありアナフィラキシーと呼ばれます。全身症状が急速に表れ、急激な血圧低下で意識を失うなどショック状態に至る危険な場合もあります。

アナフィラキシーの原因

アナフィラキシーの原因（%）　Golden, Novartis Found Syp, 2004: 257, 101-10 より

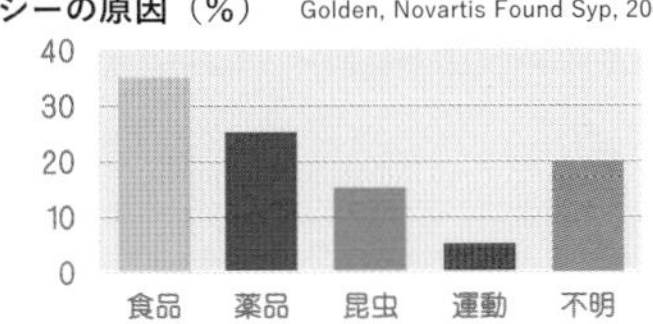

日本におけるアナフィラキシーショック死亡者数（人）

西暦(年)	2006	2007	2008	2009	2010	2011
年間死亡者数(人)	66	66	48	51	51	71
蜂毒関係	20	19	15	13	20	16
食物	5	5	4	4	4	5
薬物	34	29	19	26	21	32
血清	1	1	0	1	0	0
詳細不明	6	12	10	7	6	18

厚生労働省：平成18～23年 人口動態統計より

▶ポイント◀ 273

① 毎年アナフィラキシーショックによる死亡事例が報告されています。

② 食物が原因のアナフィラキシーは死亡事例としては少ないですが、死亡に至らないケースでは食物を原因とする事例が多く報告されています。

③ 緊急時に使用できるアナフィラキシー補助治療剤「エピペン」の使用方法についても理解しましょう。

原因食品の内訳（全年齢）

我が国の３大原因食品：　鶏卵・牛乳・小麦

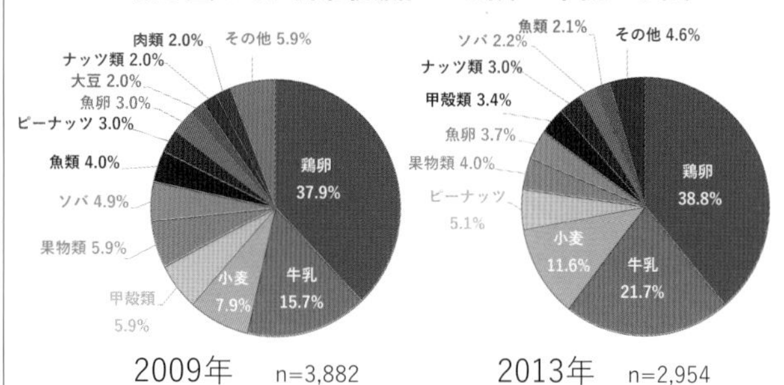

食物アレルギー診療ガイドライン2012より　　食物アレルギー診療ガイドライン2016より

※摂取後1時間以内に症状が出現し、医療機関を受診した人

▶ポイント◀ 274

① 様々な食品が原因となりえます。

② 毎年比率に変動はあるものの、日本人で症例が多い食品は鶏卵、牛乳、小麦です。

年齢別原因食品

	年齢群					
	0歳	1歳	2, 3歳	4～6歳	7～19歳	20歳以上
第1位	鶏卵 62.10%	鶏卵 44.60%	鶏卵 30.10%	鶏卵 23.30%	甲殻類 16%	甲殻類 18%
第2位	牛乳 20.1%	牛乳 15.9%	牛乳 19.7%	牛乳 18.5%	鶏卵 15.2%	小麦 14.8%
第3位	小麦 7.1%	小麦 7.0%	小麦 7.7%	甲殻類 9.0%	ソバ 10.8%	果物類 12.8%
第4位		魚卵 6.7%	ピーナッツ 5.2%	果物類 8.8%	小麦 9.6%	魚卵 11.2%
第5位			甲殻類 or 果物類 5.1%	ピーナッツ 6.2%	果物類 9.0%	ソバ 7.1%

▶ポイント◀ 275

① 年齢によって食品アレルギーの原因となる主要な食品が異なります。

② 加齢とともに耐性が得られる（寛解する）食品も多いですが、寛解しづらいものもあります。

③ 学童期以降や成人してから発症する場合もあります。

アレルギー表示

特定のアレルギー体質をもつ方の健康危害の発生を防止する観点から、過去の健康危害等の程度、頻度を考慮し、容器包装された加工食品等へ特定の原材料を使用した旨の表示を義務付けている。

表示の範囲：容器包装加工食品の原材料と食品添加物
※ 外食・中食は表示対象外

表示の基準：食品に含まれるたんぱく質が数 μg/g以上

（表示が免除されるもの：酒精飲料、香料）

▶ポイント◀ 276

① 食物アレルギーを持つ方の健康危害の発生を防止する観点から、アレルゲンを含む旨の表示が義務化されています。

② 加工食品が対象であること、アレルゲンの含有量による基準があること、表示が免除されるものがあることにも注意が必要です。

特定原材料等

表示の対象となるアレルギー物質
（2001年、食品衛生法で表示義務付け。2002年4月1日施行。）

特定原材料（7品目）：表示義務あり

症例が多いもの・・**卵・乳・小麦・えび・かに**
症状が重篤なもの・・**そば・落花生**

特定原材料に準ずるもの（21品目）：表示を推奨

あわび・いくら・さば・さけ・いか・牛肉・豚肉・鶏肉・オレンジ・キウイフルーツ・りんご・バナナ・もも・くるみ・ごま・カシューナッツ・大豆・やまいも・まつたけ・ゼラチン・アーモンド

※ ごまとカシューナッツは2013年に、アーモンドは2019年に追加された。

▶ポイント◀ 277

① 表示義務がある「特定原材料」7 品目、表示が推奨される「特定原材料に準ずるもの」21 品目が定められています。

② 表示を見ることで食べても大丈夫な加工食品を選べるようになっています。

③ 数年ごとに品目の見直しが行われていますので、常に最新の情報を確認してください。

アレルギーの表示の変遷

2002年・・・アレルギー表示制度の開始
もともとは食品衛生法に基づいて制定
（この時は、5品目の義務と20品目の推奨）
2004年・・・バナナが特定原材料に準ずるものに追加
2008年・・・えび、かにの表示が義務化(特定原材料に変更)
2010年６月４日から完全施行
2013年・・・カシューナッツ、ごまが特定原材料に準ずるものに追加
2015年・・・食品表示法の施行
・「アレルゲン」という言葉を初めて正式に使用
・アレルギー表示のルールが変更
・移行措置期間が5年間
→2020年3月末までは旧表示法のものも混在
2019年・・・アーモンドが特定原材料に準ずるものに追加
くるみの表示を義務化（特定原材料に変更）する案も検討された
2020年・・・新表示に完全移行

▶ポイント◀ 278

① 食品衛生法に基づき食品のアレルギー表示が定められていました。
② 2015 年に食品表示法が施行され、表示法が分かりやすく変更されました。
③ 食品表示法には 5 年間の移行期間が設定されていまして、2020 年の 3 月より新表示法に完全移行しました。

現行の加工食品の表示

（2020年3月まで可）

名称	洋菓子
原材料名	準チョコレート（パーム油、砂糖、全粉乳、ココアパウダー、乳糖、カカオマス、食塩）、小麦粉、ショートニング、砂糖、卵、乳または乳製品を主要原料とする食品、ぶどう糖、麦芽糖、加工油脂、食塩、ソルビトール、酒精、乳化剤、膨脹剤、香料、（原材料の一部に大豆、牛肉を含む）

原材料
食品添加物
アレルギー表示

▶ポイント◀ 279

① 加工食品の食品表示の 1 例を示します。
② 原材料名の欄に、含まれる原材料および食品添加物が示されており、その中にアレルギー物質の表示があります。

表示の方法は２種類ある

①一括表示

名称：幕の内弁当
原材料名：ご飯、鶏唐揚げ、煮物（里芋、人参、ごぼう、その他）、焼鮭、スパゲッティ、エビフライ、ポテトサラダ、付け合わせ、調味料（アミノ酸等）、pH調整剤、グリシン、着色料、香料、乳化剤（大豆を含む）、保存料（ソルビン酸K）（原材料の一部に小麦、卵、大豆を含む）

- 原材料の最後にまとめて表示
- どの原材料にアレルギー物質が使われているかわからない

②個別表示

名称：幕の内弁当
原材料名：ご飯、鶏唐揚げ（小麦を含む）、煮物（里芋、人参、ごぼう、その他）（小麦・大豆を含む）、焼鮭、スパゲッティ（小麦・大豆を含む）、エビフライ（小麦・卵・大豆を含む）、ポテトサラダ（卵・大豆を含む）、付け合わせ、調味料（アミノ酸等）、pH調整剤、グリシン、着色料、香料、乳化剤（大豆由来）、保存料（ソルビン酸K）

- 個々の原材料ごとにアレルギー物質を表示
- どの原材料に使用されているかがわかり、選択しやすい

▶ポイント◀ 280

① アレルギー物質の表示には一括表示と個別表示の 2 種類があります。
② 一括表示は、商品の表示スペースが少ない時などには有効です。
③ 個別に表示することで、弁当などにおいてどのおかずに問題となる食品が含まれているかが明らかになり、消費者の選択肢を増やすことができます。

新表示法では添加物を分けて表示する

＜旧表示＞

原材料名	小麦粉、植物油脂、卵、砂糖、生クリーム、ごま、油脂加工品、加工でん粉、香料、乳化剤（一部に小麦粉、卵、乳成分、ごま、大豆を含む）

＜新表示＞

原材料名	小麦粉、植物油脂、卵、砂糖、生クリーム、ごま、油脂加工品（一部に小麦粉、卵、乳成分、ごま、大豆を含む）
添加物	加工でん粉、香料、乳化剤（一部に大豆を含む）

もしくは

原材料名	小麦粉、植物油脂、卵、砂糖、生クリーム（乳成分を含む）、ごま、油脂加工品（大豆を含む）／加工でん粉、香料、乳化剤（大豆由来）

▶ポイント◀ 281

① 新表示法では添加物を分けることで分かりやすく表示します。
② 添加物の表示欄を別にする表記法と、原材料名の欄の中で「/（スラッシュ）」を用いて区切る方法があります。

その他の表示の例（欄外での記述）

◆欄外に文章で表示する

「本品に使用した原材料に含まれるアレルギー物質は卵、小麦、りんご、大豆です。」

◆欄外に囲み表示で強調する

アレルギー物質
卵、小麦、りんご、大豆

◆欄外に表で分かりやすく表示する

本製品には下記の■で示すアレルギー物質を含む原材料を使用しています。

卵	乳	小麦	えび	かに	そば	落花生
あわび	いか	いくら	さけ	さば	牛	豚
鶏	オレンジ	ｷｳｲﾌﾙｰﾂ	バナナ	もも	りんご	やまいも
大豆	くるみ	ごま	ｶｼｭｰﾅｯﾂ	まつたけ	ゼラチン	アーモンド

▶ポイント◀ 282

① アレルギー物質について、欄外に記述することが認められています。

② 各企業で、アレルギー物質の分かりやすい表記が様々に工夫されています。

特定原材料等を原材料とする添加物

抗原性が認められないもの以外は、添加物についても使用された特定原材料等が判別できるように表示する

◆原則として「物質名（・・・・由来）」と記載

※一括名で表示する場合も「一括名（・・・・由来）」と記載

原材料名	砂糖、カカオマス、全粉乳、ココアバター
添加物	香料、レシチン（大豆由来）

◆キャリーオーバーおよび加工助剤など、一般に食品添加物を含む旨の表示が免除されているものについても記載

※ 特定原材料に準ずるものについても可能な限り表示をする

▶ポイント◀ 283

食品添加物を含む旨の表示が免除されているものであっても、特定原材料に由来する添加物ついては最終製品まで表示が必要となります。

注意喚起表示（コンタミネーションへの対応）

※ 本品製造工場では、そば、卵を含む製品を製造しております

※ 本製品で使用しているしらすは、エビ、カニが混ざる漁法で採取しています

可能性表示の禁止

「入っているかもしれません」「入っている場合があります」などの可能性表示は、欄外でも認められていない

▶ポイント◀ 284

① 製造工程上の問題等によりアレルゲンの意図しない混入が生じることがあります。対策をしてもなおコンタミネーションの可能性が排除できない場合には「注意喚起表記」が推奨されます。

②「入っているかもしれない」などの可能性表記は認められていません。

食物アレルギーへの取り組み

▶ポイント◀ 285

① 食品を製造する企業では、様々なアレルギーへの取り組みがなされています。

② 製造環境を整えることでコンタミネーションの対策を徹底しています。

③ 食物アレルギー患者のために、特定原材料が使用されていない食品を販売している企業もたくさんあります。

コンタミネーションの制御が重要

◆ **コンタミネーションの原因**

（1）**原料での混入：**　捕食生物、共生生物など

（2）**製造工程での混入**

製造ラインの洗浄が不十分（固体、液体で多い）

原料等の飛散（粉体）

◆ **コンタミネーションの防止方法**

（1）**原材料の調査**

（2）**製造ラインの洗浄法の見直しと洗浄の徹底**

（3）**拭き取り検査（残存チェック）**

▶ポイント◀ 286

① 原料においては「書類審査」「原料メーカーの工場審査」「アレルゲン検査」などが行われます。

② 製造ラインは製品の性質に合わせた洗浄方法で徹底した洗浄が行われます。

③ 残存チェックには「ATP 検査」や「イムノクロマト」などの方法があります。

製造管理の例

◆ **陽圧管理**

製造区域の圧力を外より高くすることで、外気が内部に流入することを防ぐ

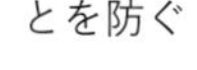

排気

陽圧

外気

クリーンルーム

◆ **作業従事者の入室管理**

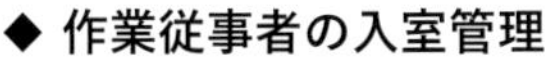

作業前の準備など

- 手洗い
- ローラー掛け
- エアシャワー

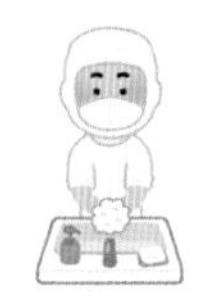

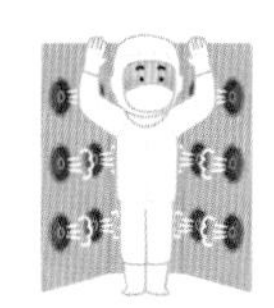

◆ **製品のアレルゲン検査**

ELISA法による定量検査等をおこなう！

▶ポイント◀ 287

① 製造区域は外部より圧力が高く設定されていて、外部の空気が流入しない構造になっています。

② 作業従事者の入室時には様々な手順が設定されています。

③ 製品中のアレルゲン量も必要に応じて定量検査が行われます。

アレルギー配慮商品

多くの企業から、特定原材料を使用しない商品が販売されている

7品目（卵・乳・小麦・えび・かに・そば・落花生）を除去したレトルト食品や冷凍食品等

小麦の代わりに米粉を使用したパン

▶ポイント◀ 288

① 様々な企業から食物アレルギーを持つ人のために、特定原材料を使用しない商品が販売されています。

② これらの商品は、アレルゲンの混入を防ぐ様々な対策がなされた最新の設備工場で生産されています。

HACCP手順の説明

HACCPシステムには（7原則）12手順がある

食品製造における
HACCP入門のための手引書

厚生労働省ホームページ
「食品製造におけるHACCP入門のための手引書」に則して行う。

▶ポイント◀ 289

参　考 URL　https://www.mhlw.go.jp/stf/seisakunitsuite/bunya/0000098735.html

（7原則）12手順

手順. 1 HACCPチームの編成	製品を作るための情報がすべて集まるように、各部門の担当者が必要　例）調達、工務、製造等	
手順. 2 製品の特徴の確認	製品の安全管理上の特徴を示す	製品説明書
手順. 3 製品の使用方法の確認	体の弱い人のための食品ならば、より衛生面等に気をつけることが大事	製品説明書
手順. 4 フローダイアグラム（工程図）の作成	工程について危害要因を分析するため	フローダイアグラム（工程図）
手順. 5 フローダイアグラムの現場での確認	工程が勝手に変更されていないか、間違いがないかを確認する	フローダイアグラム（工程図）

▶ポイント◀ 290

グループワークを始める前に手順のおさらいをしましょう。手順. 1～5 は、危害要因分析のための準備に関する項目です。

（7原則）12手順

危害要因の分析とCCPの決定	手順. 6	原則. 1 危害要因の分析（食中毒菌、化学物質、危険異物等）	材料や製造工程で問題になる危害の要因を挙げる
危害要因の分析とCCPの決定	手順. 7	原則. 2 重要管理点の設定（つけない、増やさない、殺菌するなどの工程手順）	製品の安全を管理するための重要な工程（管理点）を決定
HACCPプラン作成（原則1～7）	手順. 8	原則. 3 許容限界の設定（温度、時間、速度等）	重要管理点で管理すべき測定値の限界（パラメーターの許容限界）を設定　例：中心温度等
HACCPプラン作成（原則1～7）	手順. 9	原則. 4 モニタリング方法の設定（温度計、時計等）	管理基準の測定方法（例：中心温度計での測定方法）を設定
HACCPプラン作成（原則1～7）	手順.10	原則. 5 是正処置の設定（廃棄、再加熱等）	あらかじめ管理基準が守られなかった場合の製品の取扱いや機械のトラブルを元に戻す方法を設定しておく　例：廃棄、再加熱等
HACCPプラン作成（原則1～7）	手順.11	原則. 6 検証手順の設定（記録、検査等）	設定したことが守られていることを確認
HACCPプラン作成（原則1～7）	手順.12	原則. 7 文書化及び記録保持	検証するためには記録が必要で、記録する用紙とその保存期間を設定

▶ポイント◀ 291

手順. 6～12 は、HACCP プランの作成に関する項目です。

手順. 1 HACCPチームの編成（チームを作ろう）

ハサップチームのメンバー

- 原材料の仕入れ
- 製造方法
- 施設・設備の取り扱い、保守・保全、出荷、品質管理・品質保証など

それぞれの実務に精通した人を選出

▶ポイント◀ 292

HACCP チームの編成は HACCP 導入の第一歩です。

チームでは製品のすべての情報が集まるように各部門の担当者が参加して全ての業務が把握できるようにします。経営層の方にも参加してもらうことが重要です。

班ごとに役割を決めます（リーダ、記録者、発表者、質問者等）。

手順.2 製品の特徴の確認

自分たちが作っている商品がどんなものか、書き出す

- **製品の名称および種類**
- **原材料の名称、添加物の名称**
- **製品の特性（Aw、pH等）**
- **包装形態、単位、量**
- **容器包装の材質**
- **消費期限あるいは賞味期限、保存方法**

▶ポイント◀ 293

HACCP チームのメンバーで法規制も含めた原材料や製品の情報を集めます。

・製品の種類は？
・原材料のモレは無い？
・表示するアレルゲンは？
・添加物使用基準に準拠してる？
・容器の材質は？
・製品の特性は？
・規格基準はあるの？
・保存方法は？

手順.3 製品の使用方法の確認

- **喫食時の加熱の必要性？**
- **対象となる消費者によっては表示が必要（例：乳児用規格適用食品）**

工程管理の方法 にも影響することが考えられる

▶ポイント◀ 294

対象者が一般の消費者（だけ）ではないときもあります。

製品説明書の作成

	記載事項	内容
1	製品の名称及び種類	
2	原材料に関する事項	
3	使用基準のある添加物と使用基準	
4	アレルギー表示	
5	容器包装の材質及び形態	
6	製品の特性	
7	製品の規格	
8	保存方法及び消費期限又は賞味期限	
9	喫食方法又は利用の方法	
10	喫食の対象消費者	

▶ポイント◀ 295

製品の特徴および使用方法は、製品説明書を作成して確認します。

製品説明書

製品名	きゅうりしょう油漬
記載事項	内 容
製品の名称及び種類	製品の名称：きゅうりしょう油漬 種類：しょう油漬
原材料に関する事項	きゅうり、砂糖、食塩、しょう油、調味料、(アミノ酸等)、酸味料、着色料（クチナシ、紅麹）、食品製造用水(井水)
アレルギー物質	小麦、大豆※
添加物の名称とその使用基準	なし
容器包装	材質：ナイロン／ポリエチレン（PE）

⬅ 食品製造用水（水道水、井水の別）も書きこむ

▶ポイント◀ 296

アレルギー物質の記載は、特定原材料および特定原材料に準ずるものを確認することが重要です。

製品の特性	pH4.2～4.6、塩分 4.0～4.5%
製品の規格	漬物の衛生規範 カビ：陰性、酵母：1,000個／g以下
保存方法	直射日光、高温多湿を避け保存
消費期限又は賞味期限	製造日より 90 日（未開封）
喫食又は利用の方法	そのまま喫食
対象者	一般の消費者

食品の種類別に成分規格が設定されているので、整理しておく。さらにpH、糖度、水分活性等も必要に応じて加える。
<u>自社基準も併記しておくと良い。</u>

消費者への情報として重要な項目。

▶ポイント◀ 297

その食品がどのような人たちに喫食されるかもしっかり確認しましょう。

製品説明書の記載例解説

- 乳・乳製品：牛乳、発酵乳
- 食肉製品：ウインナーソーセージ
- 水産加工品：むしかまぼこ
- 容器包装詰加圧加熱殺菌食品：瓶詰、おかゆ

注. 基準の違いについて

食品衛生法－
冷凍食品（加熱して食べる）微生物基準は２通り

１．凍結の直前に加熱工程がある場合
一般生菌数：10 万/g 以下、大腸菌群：陰性（凍結前加熱）
２．凍結の直前に加熱工程がない場合
一般生菌数：300 万/g 以下、*E.coli*：陰性（凍結前未加熱）

▶ポイント◀ 298

製品説明書の記載については、その製品の工程や処理の方法によって、基準が異なります。表は、同じ冷凍食品ですが、その工程によって微生物の基準が異なります。

手順.4 フローダイアグラム（工程図）の作成

商品の作り方を書いてみる

- **原材料の受け入れから保管、製造・加工、包装、出荷までの一連の流れを書いてみる**

▶ポイント◀ 299

温度、時間等も書き込まないとフローダイアグラムになりません。

フローダイアグラム（工程図）作成のポイント

- 原材料の受入から最終製品の出荷までの工程を順番に列挙
- 食品に変化を加えたり、保管したりする工程について挙げる
- 工程ごとに加熱条件や、特徴的な工程はその内容も記載
- 製品を汚染させない区分けを線引きし、作業区分を明確にする
- 時間軸、製品の温度、工程の条件（温度、時間、濃度等）のほか、汚染区域・準清潔区域・清潔区域を書き足す

▶ポイント◀ 300

工程を管理する基準についても書き出しましょう。

フローダイアグラム(工程図)の１例(漬物編)

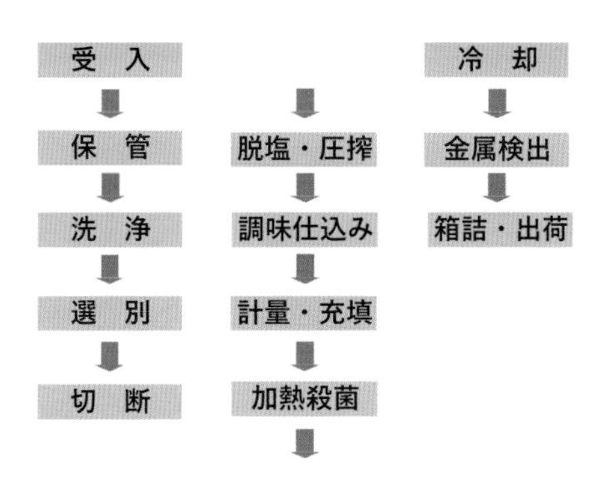

▶ポイント◀ 301

「作り方」がイメージできるように、工程を順に書き出しましょう。

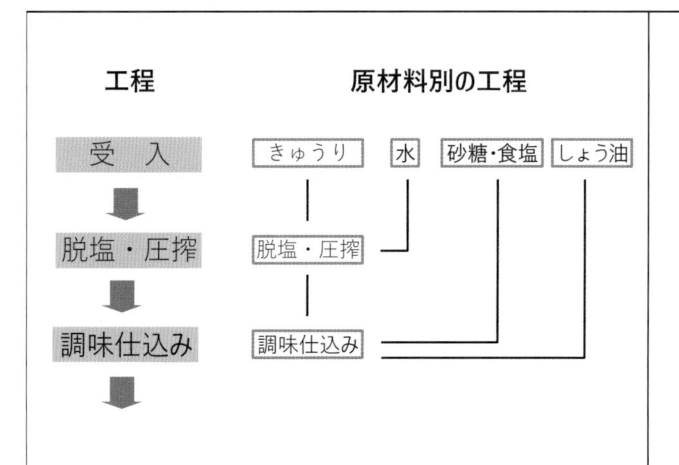

▶ポイント◀ 302

原材料がいくつも ある場合は原材料ごとに横へ 並べて、書き出しましょう。

手順.5 フローダイアグラムの現場での確認

フローダイアグラム（工程図）（手順4で作成）を現場でよく確認して違っているところは直す

- 施設・設備の配置
- 従業員の動き
- 作業手順など

気がついたことを書き出す

▶ポイント◀ 303

① 事実と違う製造工程では、正しく危害要因の分析ができなくなるので、現場でもう1度しっかりと確かめる手順が必要になります。

② 現場を確認すると実際と違っている部分がよくわかります。

フローダイアグラム（工程図）

区域　工程　主原料

ゾーニングを考える

- 汚染区
- 準清潔区
- 清潔区
- 準清潔区

▶ポイント◀ 304

① 製品を汚染させない区分けを線引きし、作業区分を明確にしましょう。

② 汚染区域と清潔区域の区分線も引いてみましょう。

手順.6 危害要因の分析

製造工程ごとにどのような危害要因が潜んでいるか考えてみる

- **「危害要因」には、有害な微生物以外にも、化学物質や硬質異物がある**

▶ポイント◀ —— 305 —

危害要因を皆で考えましょう。

危害要因分析は３つの視点で考える。
これらの危害要因の発生を制御するために製造工程では様々な管理が行われていますので、決められた通りの点検や記録を実施することはとても重要なことです。

生物的危害要因	食品の温度管理不足で微生物が増殖 原材料や中間加工品の不衛生な取り扱いで微生物が増殖
化学的危害要因	薬品類の管理不足で洗剤や殺菌剤が食品に混入 器具類を使いまわしてアレルゲンのコンタミネーションが発生
物理的危害要因	工程の蛍光灯が破損して食品にガラス片が混入 製造設備の一部が外れて食品に金属片が混入

▶ポイント◀ —— 306 —

食品への影響は、生物的、化学的、物理的の３つの視点で考えます。

危害要因分析表

製品名：

(1)	(2)	(3)	(4)	(5)	(6)
原材料／工程	この原材料／工程に関連があると考えられる潜在的なハザードをすべて記載する	この工程で侵入、増大、除去される潜在的なハザードは重要か？	(3)欄の決定を下した根拠を記す	(3)欄で重要と認められたハザードを予防、除去、低減するために適用できる管理手段は何か？	この工程はCCPか？（Yes/No）
	生物： 化学： 物理：				

「危害要因」というのは、最終製品を食べたときに健康に悪影響をもたらす可能性のある物質や食品の状態のことで、「ハザード」とも言う。
HACCPチームメンバーは、手順2～手順5の情報をもとに「危害要因分析表」を使って各工程で発生する可能性のある潜在的な危害要因を考え、さらにその危害要因を予防したり、取り除いたり、低減するための管理方法まで洗い出す。

▶ポイント◀ —— 307 —

工程ごとにどのような危害要因が潜んでいるか考えて原材料に由来するものや工程の中で発生しうるものを列挙し、それらに対する管理手段（方法）を挙げていきます。

工程ごとにどのような危害要因が潜んでいるか考える

No.	工 程
1	受 入
2	保 管
3	洗 浄
4	選 別
5	切 断
6	脱塩・圧搾
7	調味仕込み
8	計量・充填
9	加熱殺菌
10	冷 却
11	金属検出
12	箱詰・出荷

欄

1	2	3	4	5	6
原材料／工程	1欄で予想される危害要因とは	重大な危害要因か（Yes/No）	3欄の判断をした根拠	3欄でYesとした危害要因の管理手段は	CCPか（Yes/No）
1 受入 きゅうり	病原微生物の存在（予想される病原微生物をリストアップする）	Yes	原材料に存在している可能性がある	加熱殺菌工程にて管理する	No

- **予防、除去・低減が必要で、重大な危害要因であればYes、そうでなければNoにする**
- **一般的衛生管理のための取組みで対応できるもの → 3欄はNo（例：冷蔵庫の使用マニュアル 付録Ⅱ参照）**

- **この工程ではなく、後の工程で管理することができる → 6欄はNo**
- **必要な頻度で確認が必要なもの → 6欄はYes**

No.5の工程の3欄の考え方の例

1		2	3	4
5	切断	病原微生物の汚染 金属異物の混入	No	器具取扱の衛生管理を順守する

▶ポイント◀ —— 308 —

① 微生物を制御するためには、予防（持ち込まない、つけない、増やさない）もしくは 除去・低減する（なくす）対策が必要です。

② 規格基準や過去の食中毒の事例から危害要因を挙げてみると良いでしょう。

③ 受入時のきゅうりの危害要因としては、セレウス菌、クロストリジウム属菌、病原大腸菌、サルモネラ、リステリアが考えられます。

手順. 7 重要管理点の設定

健康被害を防止する上で特に厳重に管理しなければならない工程を見つける

- **原材料や製造環境に由来し、健康被害を起こす可能性のある危害要因を予防、除去または低減するための工程はどこか？**

例）加熱殺菌工程
　　冷却工程
　　金属異物検出工程等

▶ポイント◀ 309

CCP（重要管理点）は食品の安全性を確保するための最後の砦です。

重要管理点の例

加熱殺菌

金属検出機

X 線検査機

どこが重要管理点（CCP）

重要管理点（CCP）の例①
【加熱・殺菌工程】
眼に見えない微生物の死滅あるいは低減させる

重要管理点（CCP）の例②
【金属検出機（X 線検査装置）工程】
金属やプラスチック等の硬質物を検出する

▶ポイント◀ 310

CCP は微生物を殺菌する工程、異物を除去する工程に設定することが多いです。

危害要因分析表の作成する上での注意点

工程ごとにどのような危害要因が潜んでいるか挙げる

No.	工　程
1	受　入
2	保　管
3	洗　浄
4	選　別
5	切　断
6	脱塩・圧搾
7	調味仕込み
8	計量・充填
9	加熱殺菌
10	冷　却
11	金属検出
12	箱詰・出荷

・危害要因に対する管理手段（方法）を挙げる（5 の欄）

1	2	3	4	5	6
原材料/工程	1 欄で予想される危害要因とは	重大な危害要因か（Yes/No）	3 欄の判断をした根拠	3 欄でYesとした危害要因の管理手段は	CCPか（Yes/No）
1 受入 きゅうり	病原微生物の存在	Yes	原材料に存在している可能性がある	加熱殺菌工程にて管理する	No

- **「危害要因」は、健康に悪影響をもたらす原因になるものをいう**
- **以降の工程で危害要因を除去・低減する工程がない場合、このような工程を重要管理点（CCP）という**

▶ポイント◀ 311

① リストアップした危害要因を除去または低減する方法を決めることが重要です。

② CCP を設定する時コーデックスのデシジョンツリー（スライド 30）を参照してください。

危害要因分析表

（コーデックス（Codex）によるCCPディシジョンツリーを考慮した表）

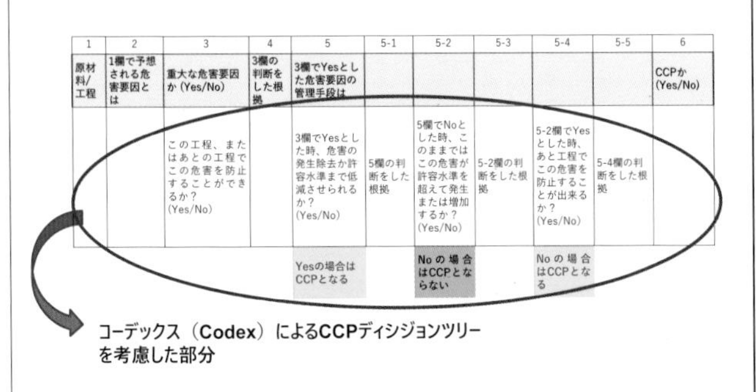

1	2	3	4	5	5-1	5-2	5-3	5-4	5-5	6
原材料/工程	1欄で予想される危害要因とは	重大な危害要因か（Yes/No）	3欄の判断をした根拠	3欄でYesとした危害要因の管理手段は						CCPか（Yes/No）
		この工程、またはあとの工程でこの危害を防止することができるか？（Yes/No）		3欄でYesとした時、危害の発生除去か許容水準まで低減させられるか？（Yes/No）	5欄の判断をした根拠	5欄でNoとした時、このままではこの危害が許容水準を超えて発生または増加するか？（Yes/No）	5-2欄の判断をした根拠	5-2欄でYesとした時、あと工程でこの危害を防止することが出来るか？（Yes/No）	5-4欄の判断をした根拠	
				Yesの場合はCCPとなる		Noの場合はCCPとならない		Noの場合はCCPとなる		

▶ポイント◀ 312

重大な危害要因か否かを判断（Yes/No）する根拠が重要です。

危害要因分析表の1例（漬物編）

1	2	3	4	5	6
工程	1欄で予想される危害要因	重大な危害要因か（Yes/No）	3欄の判断をした根拠	3欄でYesとした危害要因の管理手段	CCPか（Yes/No）
1．受入	病原微生物の存在	Yes	原材料に存在している可能性がある	加熱殺菌工程で管理する	No
2．保管	病原微生物の汚染	No	施設の衛生管理で管理できる		
3．洗浄	病原微生物の汚染	No	器具取扱いの衛生管理を順守する		
4．選別	なし				
5．切断	病原微生物の汚染	No	器具取扱いの衛生管理を順守する		
6．脱塩・圧搾	病原微生物の増殖	Yes	不適切な温度管理と時間により増殖する恐れがある	加熱殺菌工程で管理する	No
7．調味仕込み	病原微生物の増殖	Yes	不適切な温度管理と時間により増殖する恐れがある	加熱殺菌工程で管理する	No
8．計量・充填	病原微生物の汚染	No	使用器具の衛生的取扱いで管理する		
9．加熱殺菌	病原微生物の残存	Yes	加熱温度と時間の不足により病原微生物が残存する可能性がある	適切な加熱温度・時間で管理する	CCP1
10．冷却	なし				
11．金属検出	金属異物の残存	Yes	金属検出機が正常に作動しないと、金属 片が排除できない	管理された金属検出機を通過させる	CCP2
12．箱詰・出荷	なし				

危害要因として挙げられ病原微生物に対して、
いずれかの工程で殺菌、低減する手段を取る。

▶ポイント◀ 313

野菜類の主な危害要因

生物的危害要因：サルモネラ、病原大腸菌、セレウス菌

化学的危害要因：残留農薬

物理的危害要因：金属片、硬質異物（小石、砂）

手順. 8 許容限界の設定

手順 7 で決めた工程を管理するための基準を決める

- この基準を達成できないと安全が確保できない

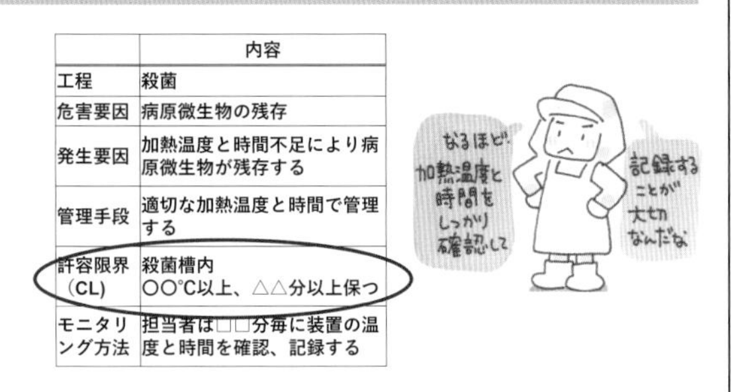

	内容
工程	殺菌
危害要因	病原微生物の残存
発生要因	加熱温度と時間不足により病原微生物が残存する
管理手段	適切な加熱温度と時間で管理する
許容限界（CL）	殺菌槽内 ○○℃以上、△△分以上保つ
モニタリング方法	担当者は□□分毎に装置の温度と時間を確認、記録する

▶ポイント◀ 314

① 一般的な細菌の殺菌温度と時間：中心温度が 75℃で 1 分以上

② ノロウイルスの殺菌温度と時間：85~90℃で 90 秒以上

許容限界（Critical Limit：CL）

- 安全性を確保するために設定したCCPにおいて、守らなければならないパラメーター（温度、時間、重量などの値）の最大値と最小値
- これを逸脱した場合には、安全性が保証できない
- 許容できるものと、できないものを分ける境目

許容限界を決定する根拠
- 専門書、科学文献、専門家の意見
- 規制、指針で決められていることもある
  - ・亜硝酸　70ppm以下
  - ・加熱殺菌　75℃、1分　科学的根拠があるはず
- 独自のデータが必要な場合では、事業者が実験（Validation=妥当性確認）で決める。
- CLは科学的であることが必要。

▶ポイント◀ 315

重要管理点（CCP）で管理すべき基準値、これを許容限界（Critical Limit：CL）と言います。工程中で達成されないと安全が確保されていない製品となってしまいます。

許容限界を決定する根拠（例）
肉団子の加熱調理（連続生産）

記録必要
- ・肉団子の中心温度：75℃以上、1分以上（直接測定）
- ・オーブンの庫内温度：175℃以上、10分以上

※この条件で焼けば、すべての肉団子の中心温度が、75℃、1分を満たすことを証明する必要がある。（Validation）

考慮するパラメーター
- ・肉団子の大きさ（重量）　・オーブンの温度　・ベルトのスピード（加熱時間）　・ベルト上の位置　・肉団子の初期温度

CLを設定する必要があるのはどれか
- ・どのパラメーターの影響が大きいか
- ・振れの大きいパラメーターはどれか
- ・一般衛生管理で一定の範囲に抑えられるか

▶ポイント◀ 316

CL に達しているか常時確認することをモニタリングといい、温度計、時計、速度計などを用いて測定し、記録します。

許容限界の決め方
- すべての製品の安全性を確保するためには、許容限界をどう設定すべきか
  - ・測定のばらつきの大きさはどうか
  - ・統計的にはどこまで予測できるか

統計的なプロセスコントロール
- モニタリングの値はどれだけばらつきがあるか
- 測定値は正規分布しているのか
- 一部の製品のモニタリングで十分か
  - ・正規分布していれば、予測しやすい
- OLはCLに対してどれだけの余裕が必要か

▶ポイント◀ 317

OL とは Operating Limit（工程管理基準）のことで、CL よりもさらに厳しい運用上の基準です。

CLの設定手順：野菜殺菌次亜塩素酸水（例）

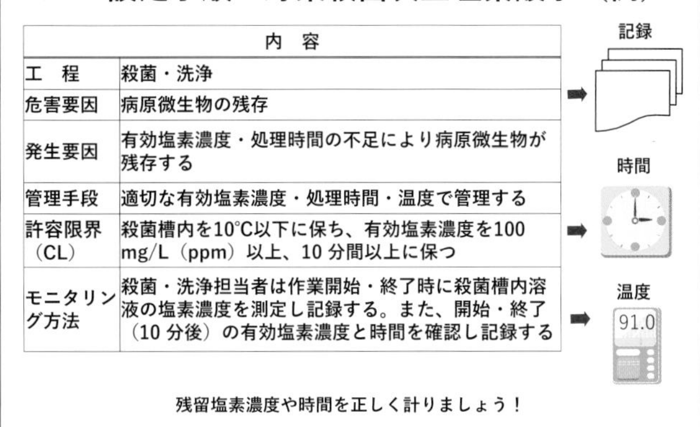

	内 容
工 程	殺菌・洗浄
危害要因	病原微生物の残存
発生要因	有効塩素濃度・処理時間の不足により病原微生物が残存する
管理手段	適切な有効塩素濃度・処理時間・温度で管理する
許容限界（CL）	殺菌槽内を10℃以下に保ち、有効塩素濃度を100 mg/L（ppm）以上、10分間以上に保つ
モニタリング方法	殺菌・洗浄担当者は作業開始・終了時に殺菌槽内溶液の塩素濃度を測定し記録する。また、開始・終了（10分後）の有効塩素濃度と時間を確認し記録する

残留塩素濃度や時間を正しく計りましょう！

▶ポイント◀ 318

① 重要な工程を失敗しないために、CLやモニタリング方法を明確にしておくことが大切です。

② モニタリングについては、すべての製品について確認できる方法を設定し、CLを設けて、CLから逸脱しないように工程を管理することも検討します。

手順.9 モニタリング方法の設定

手順8で決めた基準が常に達成されているかを確認する

例）
- オーブンや殺菌槽などの温度と時間
- 冷却装置の温度
- 金属探知機の精度

▶ポイント◀ 319

モニタリングとはCLに達しているか、観察、測定、検査することで、温度計、時計での計測、目視確認など適切な頻度で実施して、記録することです。

モニタリング（監視）

- CCPにおいて、コントロールが維持されている（CLが守られて）いることを確認すること
- 将来の検証のために、測定、観察、確認した記録を残す
- 記録と署名が必要
- 測定したロットがわかる記録が必要
- モニタリングの4つの要素
  - 何を
  - どのように
  - どの頻度で
  - 誰が

  以上をHACCPプランに記載する

▶ポイント◀ 320

モニタリングの記録には、何を、どのように、どの頻度で、誰が実施したのかを記入します。

モニタリング（監視）の種類

- 機器による計測
  - 連続　自動記録温度計など
    CLを逸脱する前に調整がしやすい
  - 非連続
    測定頻度が重要になる
- 観察（Yes or Noで判断できる方式が良い）
  - 作業者が目視で行う
    例　供給証明の確認
    要冷品の氷が溶けていないか
    シールがなされているか

▶ポイント◀ 321

作業者の目視による観察は、人によるバラツキがないように教育・訓練で統一し、ルール化します。

モニタリング（監視）：何をどのように

- 何をモニターするか
  - 実際にモニターできるもの
    - 75℃以上、1分以上モニターできるか
  - リアルタイムでモニターできるもの
    - 温度、pH、時間、質量、色
    - 菌数測定は殆どの場合使えない
- どのようにモニターするか
  - 目視、計測、連続記録、金属探知器

▶ポイント◀　322

モニタリングの例としては、殺菌や冷却などの温度・時間および金属探知機やエックス線探知機によるテストピースの排除検査が該当します。

モニタリング：加熱温度の制御と測定頻度

加熱温度の制御装置の精度は？

設定した許容限界温度を下回らないこと

許容限界温度

許容限界温度

モニタリングの頻度は？

許容限界温度

許容限界温度

許容限界温度を下回ったことを見逃さない頻度で実施すること

▶ポイント◀　323

必要なのは頻度だけではなく傾向が読める頻度であることが重要です。

モニタリング：金属探知機の例

テストピース（例）

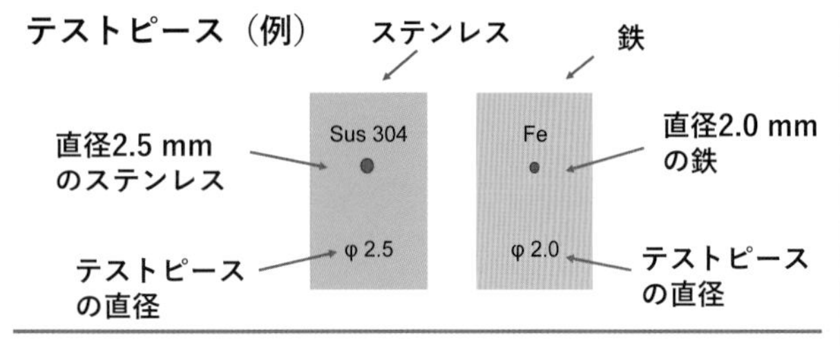

モニタリングに使用する計測器の例

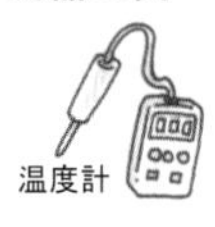

温度計

天秤

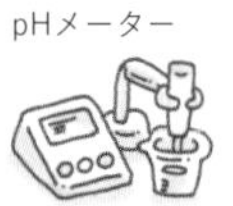

流量計

pHメーター

▶ポイント◀　324

この２種類のテストピースが金属探知機の１番低感度のところで検知されたら、商品に直径 2.0 mm 以上の鉄もしくは直径 2.5 mm 以上のステンレスが入っていた時に検知可能なことを確認できたことになります。

逸脱した製品の分別

モニタリング　ライン停止

測定値

許容限界値

逸脱していないことが確実な製品

逸脱が確実な製品

是正処置が必要な製品

逸脱した製品の処置　逸脱した製品の処理方法

- 廃棄する
- 製造ラインの中止
- 手直しする（リワーク）
- 他の用途に回す
- 隔離し、安全性を確認した後、流通させる
  ※安全性の確認については、妥当性確認が必要

▶ポイント◀　325

逸脱した製品の処理方法をマニュアル化し、また記録します。

手順.10 是正処置と設定

工程中に問題が発生した場合、修正できるように事前に改善方法を決めておく

- 基準を達成しなかった製品を区分けする
- 機械等の故障の原因を特定し、復旧させる
- 温度計やタイマー等の校正をする
- 基準を満たせなかったものは廃棄などを行う

▶ポイント◀ 326

① 問題が発生した製品：廃棄するか、やり直すか決めます。

② 廃棄と判断できない場合には、誰がどのように判断するか責任者を決めておきます。

③ 対応後：CL を逸脱した原因を究明し、再発防止に取り組む　などを決めます。

是正処置の要点

- 基準を達成しなかった製品を区分けする
  - → 許容限界を逸脱して生産された製品を市場に放出しない！
- 機械等の故障の原因を特定し、復旧させる（コントロールを取り戻すための調整）
  - → 短期的な、とりあえずの対処
  - → 再発防止措置（長期的な調整）
- 原因の追究（温度計やタイマー等の校正をする）
- 逸脱した製品の措置（基準を満たせなかったものは廃棄などを行う）

▶ポイント◀ 327

① 是正処置の記録は、経過と対応を記録しましょう。

② モニタリング機器が正しく動いていることを確認します。

モニタリングの頻度

モニタリング
ライン停止
測定値
許容限界値
逸脱が確実な製品
逸脱していないことが確実な製品
是正処置が必要な製品

- 頻繁なモニタリングは、1回の是正処置での作業量を減らす
- モニタリングの労力と逸脱時の経済的損害を考慮して、モニタリングの頻度を決める

▶ポイント◀ 328

是正処置が必要な製品および逸脱が確実な製品を正常な製品と区別して、保管管理します。

逸脱した製品の処置

- 廃棄する
- 製造ラインの中止、受け入れ拒否
- リワーク（手直し）する
- ほかの用途に回す
- 隔離し、安全性を確認した後、流通させる

※ 安全性の基準について、妥当性の確認が必要

▶ポイント◀ 329

逸脱した製品の処置方法については責任者が判断します。

是正処置の決定（例）

CCP工程	改善措置
加熱殺菌	・工程担当者は製品を区分け、部門長に報告する ・部門長はライン担当者に原因究明を指示し、復旧させる ・復旧後、正常に加熱殺菌の温度、時間が確保できることを確認する ・部門長は逸脱した製品の処置をライン担当者に指示する
金属検出機	・工程担当者は製品を区分け、部門長に報告する ・部門長はライン担当者に原因究明を指示し、復旧させる ・部門長は復旧後、正常にテストピースが検出されることを確認する ・部門長は逸脱した製品の処置をライン担当者に指示する

影響を受けた製品を排除することを迅速かつ的確に行えるよう、取るべき処置をあらかじめ決めておく。

▶ポイント◀ 330

誰が行うか、責任体制を確立しておくことも重要です。

是正処置方法

モニタリング結果が許容限界から外れた場合の「対象となる製品の取り扱い方法」と「製造を再開するための方法」を決めておく。

【加熱・殺菌工程】
- 管理者に報告し、対象バッチを区分けする
- 加熱・殺菌不足の製品を廃棄する
- 加熱・殺菌が基準に達しなかった原因を特定し、製造を再開する
- 処置結果を記録する

【金属検出機（X線検査装置）工程】
- 金属検出機（X線検査装置）を停止し、前回の検知確認までさかのぼった範囲の製品を区分けし、管理者に報告する
- 検出原因を究明し、区分け製品の措置を決める
- 機器が正常に作動することを確認し、製造を再開する
- 処置結果を記録する

現場に任されている重要な工程

▶ポイント◀ 331

① 是正処置とは、設定した CL が達成されなかった時に、製造工程の中で発生した問題点を修正し、改善することを言います。

② 是正措置がなされた場合には、記録することも重要です。

不具合（不適合）時の「是正処置」の手順

- 問題が発生した時に、事前に何をしたら良いか決めておく
- また、是正処置の記録は、経過と対応を記録する
- 是正記録を見返すことで、品質の安定化や、クレームの減少に役立てられる

是正処置	
工　程	殺菌・洗浄
不適合の原因	殺菌槽内の有効塩素濃度が100 mg/L（ppm）以下、もしくは、処理時間が10分未満だった

▶ポイント◀ 332

是正処置の方法をマニュアル化します。

不具合（不適合）時の「是正処置」の手順

改善措置 NO.	内　容	担当者	記録名
1（製品の区分け）	ラインを止め、殺菌できなかった製品を区分けする	A	是正処置記録
2（再開のための修理）	原因を特定し、正常に殺菌できるように復旧させる	B	
3（機器の校正）	残留塩素計、タイマーの校正	B	
4（不適合品の処理）	不適合品は廃棄する	C	

▶ポイント◀ 333

是正処置は担当者間で共有化します。

是正処置 1（製品の区分）
有効塩素濃度が100 mg/L（ppm）以下で10分間でも、もしくは100 mg/L（ppm）以上であっても10分未満では十分に殺菌されていない
⇒問題のある製品を区分けし、隔離する。

是正処置 2（再開のための修理）
適切に殺菌できなかったのは何が原因なのか調べ、正常に製造できるように改善する

是正処置 3（機器の校正）
モニタリング機器が正しく動いていることを確認する

是正処置 4（不適合品の処理）
エラーが起き、100 mg/L（ppm）で10分間以上（決めた管理基準）を守られなかった製品についてどのような取扱いをするのか決めておく

▶ポイント◀ 334

是正処置の内容については、担当者間の調整はもとより、他の作業者への共有化も重要となります。

是正処置記録

	工場長	工程管理者	改善担当者
対応日			3/16
確認印			山田

製品名：チルドミートボール
LOT：QY1603－14

逸脱発生日時		3月16日 11：33	発生工程	殺菌
逸脱内容		加熱殺菌時、殺菌庫内の温度が 81.3℃だった（管理基準：90℃30分間）、前回モニタリング時（10：30）は 90.3℃で問題が無かった		
対応	製品の区分	ラインを停止し、前回のモニタリング以降に殺菌をおこなった製品をラインから外し、隔離した（11：40）		
	再開のための修理	装置を調節し、試運転してみたが、温度が 87℃までしか上がらなかった。次いで、よく調べてみると、温度計センサーが汚れていることが分かったので汚れを掃除し、再度試運転した。すると、温度が 91℃まで上昇した		
	不適合品の処理	HACCPプランに則り、製品を再度ラインに戻し、再加熱した		
	機器の校正	あらためて、埋め込み型中心温度計を用いて温度センサーの検証を行った。その結果、問題ないことが分かった		
再発防止策と日程		過去数年遡っても、加熱殺菌には問題が起きておらず、定期的に機器のメンテナンスを行っていれば問題ないものと思われる 次回機器メンテナンス実施予定 5 月		

▶ポイント◀ 335

責任者は是正処置の記録（結果）を評価し、作業者（現場）にも共有化します。

手順.11 検証手順の設定

これまでのHACCPプランが有効に機能しているか見直しをする

- 重要な工程の記録を確認する
- 温度計やタイマーの校正確認
- 問題が起きた際の是正措置
- 製品検査結果の確認
- クレーム品（苦情）の確認
- 一連の流れに修正が必要か

▶ポイント◀ 336

定期的な検証では、日頃の作業が適正に実施されているか記録を確認してみるとよいでしょう。また、計器類の定期的な校正も実施し、記録をつづっておきます。

検証1について

①バリデーション（妥当性確認）
「やっていることは正しいか」
HACCPプランが正しいものであるか
（加熱条件などが本当に妥当であるか科学的根拠を示す）

②遵守検証
「やると言ったことをやっているか」
HACCPシステムが計画通りに運営されているか
（手抜きはないか、記録の確認、一般衛生管理・CCP・システム全体の検証）

▶ポイント◀ 337

① 検証1とは「HACCP プラン」が正しいものであり、システムが計画通りに運用されているかを確認することです。

② また現場の声を聴き、現場の実態も確認することが重要となります。

①バリデーション（妥当性確認）

◆測定方法を変える
- ・モニタリング → 別な機器を用いて同様の測定を行う
- ・受入れ時の添加物濃度の確認
  → 実際に社内で測定、別な検査機関に測定依頼など
- ・目視によるチェック → 別人による再確認

◆抜き取り検査を行う
- ・本当に加熱条件が達成されているか
- ・危害要因が本当に除去されているか

②遵守検証

◆モニタリング作業の確認
- ・担当者のまちがい、手抜きはないか → 別人（上司）などによる監査など
- ・機器の校正 → 測定器の安定度チェック
  → 正確さの検証
  → 方法や頻度をSOPで定める

◆書類や記録の審査など
◆GMP、CCP、システム全体の検証など

▶ポイント◀ 338

具体例を示しました。

検証２について

HACCPが正しく機能していることを確認し、食品安全の確保をより強固なものにしていくために行う作業で、日常的に（日々）確認するものと、定期的に確認するものがある

（1）日々の見直し
- 毎日又は週ごとに確認するもの
- 製品は日々出荷され市場に出ている
- 内容によっては出荷前に確認することもある

（2）定期的な見直し
- 月間、年間で確認するもの
- HACCPシステムの運用にかかわる重要な内容で、自社の衛生管理体制の弱点を発見し今後の方向性を見出すことができる

▶ポイント◀ 339

検証２として、原材料の受入検査があります。原料購入先や委託生産社 の「現場に行き、現物をよく観察し、現実（現象）を把握して」対応することも大切です。これを三現主義と言います。

計測器の定期点検（例）

- 検証の頻度は機器の取扱説明書、メーカーの推奨頻度、モニタリングのばらつき具合、製品の特性やモニタリング内容を参考にして決める。ただし、それにとらわれず、随時検討し、適切な頻度を探し出す。
- 例えば、機器の取扱説明書を見ると、校正頻度や、推奨メンテナンス期間の記載があるのでそれを参考にする。

天秤

▶ポイント◀ 340

① 検証の頻度は機器の取扱説明書、メーカーの推奨頻度、モニ タリングのばらつき具合、製品の特性やモニタリング内容を参考にして決めます。

② 点検結果は必ず記録します。

機器の精度確認（校正）例

- 温度計はHACCPを行う上で必要不可欠な計測機器で、これが狂うと安全な食品を製造することはできない
- 定期的に精度の確認（校正）をする必要がある

1．常温の水を使う
3本以上の温度計で表示温度を確認し、全ての温度計が同じ温度を表示すれば「問題なし」とし、ずれているものは「問題あり」とする

2．沸騰水と氷水を使う
- 電気ケトルに水を入れ、沸騰させる
- 沸騰したら注ぎ口に温度計のセンサーを刺し、静置（約１分）後に表示温度が100℃になることを確認する
- 次に砕いた氷を用意する
- 氷の中に温度計のセンサーを入れ、静置（約１分）後に表示温度 が０℃になることを確認する
- 全ての温度計が同じ温度を表示すれば「問題なし」とし、ずれているものは「問題あり」とする

注：温度表示が－5℃違うと加熱の許容限界が90℃以上なら実際は85℃になり加熱不足となる可能性がある

▶ポイント◀ 341

温度計の精度管理は、日常的にチェックするとともに、定期的に標準温度計とも比較し検証します。

製造環境衛生状態の確認例

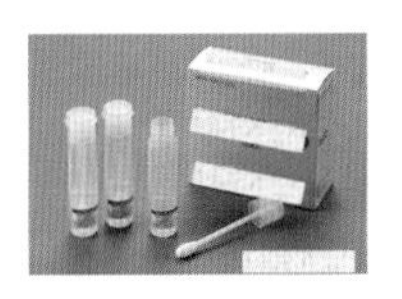

微生物のチェック：拭き取り

汚れのチェック：ATP検査

エアーサンプラーによる
製造環境の微生物チェック

製造環境の落下細菌検査

▶ポイント◀ 342

製造環境の衛生状態を定期的に確認しましょう。

記録の見直し
記入漏れがないこと
基準からはずれていないこと
基準からはずれていれば改善した記録があること

見直し項目	確認事項
クレームの見直し	発生したクレームを現象別に評価し、今後の強化する内容を検討する
検査などの結果の見直し	行った各種検査結果から、いつもと異なる検査結果がなかったかを確認する
機器の精度確認	温度計などの計測機器に異常が無いか確認する

▶ポイント◀ 343

① 正しく書いているか確認しないといけません。
② 書けていなければ担当者に伝え習慣化させます。

「検証」で適切に機能していることを確認

作成されたHACCPプランが施行されているかどうか、HACCPプランの修正等の見通しが必要かどうかを検討する

検証				
工程	洗浄・消毒			
検証 No.	内容	担当者	頻度	記録名
検証 1（製品の妥当性確認）	設定された有効塩素濃度と時間が達成されているかを確認する	A	毎日	殺菌記録
検証 2（計器類の校正）	残留塩素計、タイマーの校正が行われているかを確認する	B	1回／年	校正記録
検証 3（是正処置の確認）	是正処置が適切に実施されているかを確認する	C	逸脱時ごと	是正処置記録
検証 4（製品検査の確認）	有効塩素濃度が100 mg/L（ppm）以上、10分間以上殺菌された製品に病原微生物がいないかを細菌検査によって確認する	C	1回／月	細菌検査結果
検証 5（HACCPプランの検証）	HACCP プランの修正が必要かを検証する	HACCPチーム	1回／月	加熱殺菌記録 校正記録 是正処置記録 細菌検査記録

▶ポイント◀ 344

検証記録を見直し、場合によってはHACCPプランの修正・改善につなげます。

手順.12　文書化及び記録保持

記録は「安全な食品を製造加工している」ということを示す「証拠」になる。記録を付けることで、製品の履歴（原材料がどこから来て、どのような工程を経て、製品がどこに流通したか）を明らかにすることもできる。食品安全上の問題が生じた際に役立つ。

▶ポイント◀ 345

HACCP プランに組み込まれている記録はスライド 034 を参照してください。これらを記載した文書には、以下の事項を規定しておく必要があります。

① モニタリング結果の記録様式の名称、記録した日時、製品名・ロット、測定・観察結果、担当者・点検者のサイン、改善措置等
② 改善措置の実施結果の記録措置対象となった製品名・ロット番号・数量等、逸脱内容、発生した製造工程又は場所、発生日時、逸脱した原因を調査した結果、製造工程を回復させるために実施した措置の内容、逸脱している間に製造された製品等の処分、担当者・点検者のサイン等
③ 検証結果の記録検証の結果および実施者のサイン、措置を講じた場合はその内容と実施者のサイン等

帳票類の記録の例

No.	記録の例
1	毎日の清掃点検記録表
2	更衣室・食堂の清掃点検表
3	化学薬品の管理表
4	飛翔性昆虫の調査・分析表
5	来場者の管理表
6	巡回点検表
7	従事者の健康管理表
8	従事者の入場時の衛生管理点検表
9	機械・器具の始終業点検記録表
10	金属探知機のチェックシート
11	原材料の受入れ管理表
12	加熱冷却温度の管理記録表
13	室内温度の管理記録表
14	冷蔵・冷凍庫の温度管理記録表
15	製品の中心温度管理記録表
16	目視検品記録表（最終製品）

▶ポイント◀ 346

では、例を挙げてみましょう。記録する上での注意点として、記入欄には必ず必要事項を書き込みますが、もしも記入の必要性がなくなった際には、空欄にせずに必ず横線（—）を入れます。その理由は記入漏れを防止するためです。

毎日の清掃点検記録表

（日付）※西暦（年）（月）（日）　　最終確認者

清掃点検記録

管理場所：
記入方法　：　清掃実施者は清掃実施後、時間と名前を記入すること。
最終確認者は、清掃終了後点検し、点検結果を記入すること。

項　目	清掃方法	清掃後の点検ポイント	清掃実施者記入欄		最終確認者の点検ポイント	最終確認者記入欄
			清掃時間	清掃者名		確認時間（　：　） 合否（○・×）
			：			
			：			
			：			
			：			
			：			
			：			
			：			
			：			
			：			
			：			
			：			
			：			
			：			
			：			
			：			

不適格内容【最終確認者記入欄：不適格内容は翌日清掃実施者に指導すること】

▶ポイント◀ 347

HACCP を実施するにあたって前提となる GMP（PRP と同義で、以降も GMP と記載します）に対応した帳票です。定期清掃と結果の記録が大切です。

更衣室・食堂の清掃点検表

清掃点検表（更衣室・食堂）

点検日：2012年　　月　　日（　　）　　（レ点を記入）

	項　目	チェックポイント	OK	NG
更衣室	出入口	ゴミ・汚れがない。不要物・隙間がない。		
	床	ゴミ汚れがない。不要物がない。		
	壁・天井	埃・サビ・破損・汚れ・隙間がない。		
	照明設備	点灯している。照度がある。		
	窓	埃・破損・汚れ・くもの巣・隙間がない。		
	ロッカー周り	埃・隙間がない。		
	不要品の持込み・放置	私物の放置、危険物の持込み等がない。		
食堂	出入口	ゴミ・汚れがない。不要物・隙間がない。		
	床	ゴミ汚れがない。不要物がない。		
	壁・天井	埃・サビ・破損・汚れ・隙間がない。		
	照明設備	点灯している。照度がある。		
	空調設備	稼動している。埃がない。フィルターは綺麗		
	窓	埃・破損・汚れ・くもの巣・隙間がない。		
	テーブル	残渣がなくキレイである。		
	不要品の持込み・放置	私物の放置、危険物の持込み等がない。		
	ゴミ関係	分別され散乱していない。		
	その他	吸殻が落ちていない。その他キレイである。		
	不適格内容		確認者	
	当日、日報・申し送り等			

▶ポイント◀ 348

GMP に対応した帳票です。更衣室と食堂は、従業員を介した危害要因汚染の原因になる可能性があるので、定期清掃とその記録が大切です。

化学薬品の管理表

(日付)※西暦(年)(月)

確認者名

化学薬品管理表

管理場所:〇〇室

日付	入庫	使用数量	残数量	実数確認	記録者名	入庫	使用数量	残数量	実数確認	記録者名	入庫	使用数量	残数量	実数確認	記録者名
繰越	—	—				—	—				—	—			
1															
2															
3															
4															
5															
6															
7															
8															
9															
10															

備考(記入する数量と実際の数量が一致しない時は、原因を究明して、日付、薬品名と共に記入すること)

▶ポイント◀ 349

GMPに対応した帳票です。化学薬品の管理が疎かになると、製造している食品への汚染リスクが高まります。徹底した管理と記録が大切です。

飛翔性昆虫の調査・分析表

飛翔性昆虫調査・分析結果

No.

検査担当:

設置場所		調査期間　～	使用トラップ	
		調査日数　日	調査本数	本

トラップNo.	昆虫捕獲数	大型バエ	合計	調査日数	捕獲指数	昆虫捕獲状況			優占種
1						外部多い	半々	内部多い	
2						外部多い	半々	内部多い	
3						外部多い	半々	内部多い	
4						外部多い	半々	内部多い	
5						外部多い	半々	内部多い	
総合計									

*1: 昆虫捕獲数＝大型バエ類以外の昆虫
*2: 大型バエ＝目安として６㎜以上のハエ類（短角亜目: アブ類・ハナバエ類など）
*3: 合計＝昆虫捕獲数＋大型バエ
*4: 捕獲指数＝1日当たり捕獲数

▶ポイント◀ 350

GMPに対応した帳票です。飛翔性昆虫は、異物混入や生物的危害要因汚染の原因になります。定期的な調査によって、現場に侵入していないことの確認と記録が大切です。

来場者の管理表

(日付)※西暦(年)(月)

確認者名

来場者管理表

日付	貴社名	氏名	来社時間　退出時間	目的	健康状態	訪問部署	応対者名	確認欄
／			:　～　:	商談　工事 その他(　　)	良・否	営業部		
／			:　～　:		良・否			
／			:　～　:		良・否			
／			:　～　:		良・否			
／			:　～　:		良・否			
／			:　～　:		良・否			
／			:　～　:		良・否			

記入方法
※来場された方は、上記に記入後、横にある電話で訪問部署のものを呼び出すこと
※応対者は、来場者の健康状態を聞き、下痢、発熱等がある場合は工場現場内には立ち入りを認めないこと
※応対者は、退出確認後確認欄にサインもしくは印鑑を捺印すること

▶ポイント◀ 351

GMPに対応した帳票です。来場者が感染していた場合には、大きなリスクが生じるので、身元の確認と健康チェック、そしてその記録が大切です。

巡回点検表

（日付）※西暦（年）（月）（日）

確認者名

巡回点検表

場所：　　点検者　：

巡回時間　：　～　：

項目	点検事項	良・否	問題点	改善担当者名
入場		良・否		
		良・否		
従事者		良・否		
		良・否		
工場内		良・否		
		良・否		
		良・否		
		良・否		
		良・否		
環境		良・否		
		良・否		
設備		良・否		
		良・否		

その他気になった点があれば記載してください

※発見した問題点は、〇〇会議の場で報告し、改善担当者を決定すること
※次回の点検時には指摘した個所の改善状況を確認すること

▶ポイント◀ 352

GMPに対応した帳票です。日々の生産活動の中で生じたリスクは、見逃しやすいです。定期点検と記録によって、リスクの低減に努めることが大切です。

従事者の健康管理表

（日付）※西暦（年）（月）（日）

確認者名	記録者名

従事者　健康管理表

名前	症状・身体の状態						体調不良の従事者への措置
	下痢	腹痛	発熱	吐き気・嘔吐	手指の傷	爪	

記入方法
※ 症状・身体の状態に問題が無い場合 ⇒ ○
※ 症状・身体の状態に問題がある場合 ⇒ ×を記載⇒事務所で申告すること
※ 措置措置① 下痢、腹痛、発熱、吐き気・嘔吐 ⇒ 帰宅させること
措置② 手指の傷 ⇒ 絆創膏と手袋を着用し、製品に直接接触しない部署での作業に変更すること
措置③伸びた爪 ⇒ 事務所で爪を切らせること

▶ポイント◀　353

GMP に対応した帳票です。従事者を経由した食中毒事例は極めて多いです。日々の健康管理とその記録が重要です。

従事者の入場時の衛生管理点検表

（日付）※西暦（年）（月）（日）

確認者名

従事者　入場点検表

場所：

名前	午前			午前			休憩後		
	身だしなみ	粘着ローラー	手洗い	身だしなみ	粘着ローラー	手洗い	身だしなみ	粘着ローラー	手洗い
記入例	レ	レ	レ	レ	レ	レ	レ	レ	レ

▶ポイント◀　354

GMP に対応した帳票です。食中毒や異物混入は従事者から生じることが多いので、日々の点検と記録が大切です。

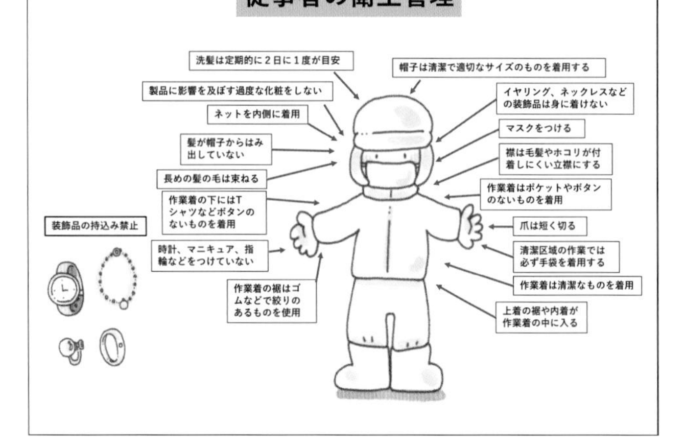

▶ポイント◀　355

従事者の衛生管理は、特に重要です。スライド354の記録に際には、このスライドの注意ポイントを参考にして、チェックしてください。

機械器具の始終業点検記録表

（日付）※西暦（年）（月）（日）

確認者名

始終業点検記録表

部屋名：

項目	点検ポイント	始業前			終業後		
		OK	NG	点検時間（点検実施者）	OK	NG	点検時間（点検実施者）
				：（　）			：（　）
				：（　）			：（　）
				：（　）			：（　）
				：（　）			：（　）

不適格内容【点検者はNGがあった場合には、その項目とどのように対処したかを記載すること】

▶ポイント◀　356

GMP に対応した帳票です。機械器具の不備は、食中毒ばかりでなく異物混入などの原因に直接影響します。日々の点検と記録が大切です。

金属探知機のチェックシート

金属探知機チェックシート

製造ライン・設置場所　：　　　　　　20○○年○月度
金属探知機名　：
適用テストピース管理基準　：

確認者

日付	曜日	作業開始前			午後開始前			作業終了時			備　考
		時間	動作確認	点検者	時間	動作確認	点検者	時間	動作確認	点検者	不適合・措置内容
		:	OK or NG		:	OK or NG		:	OK or NG		
		:	OK or NG		:	OK or NG		:	OK or NG		
		:	OK or NG		:	OK or NG		:	OK or NG		
		:	OK or NG		:	OK or NG		:	OK or NG		
		:	OK or NG		:	OK or NG		:	OK or NG		
		:	OK or NG		:	OK or NG		:	OK or NG		
		:	OK or NG		:	OK or NG		:	OK or NG		
		:	OK or NG		:	OK or NG		:	OK or NG		
		:	OK or NG		:	OK or NG		:	OK or NG		
		:	OK or NG		:	OK or NG		:	OK or NG		
		:	OK or NG		:	OK or NG		:	OK or NG		
		:	OK or NG		:	OK or NG		:	OK or NG		
		:	OK or NG		:	OK or NG		:	OK or NG		
		:	OK or NG		:	OK or NG		:	OK or NG		
		:	OK or NG		:	OK or NG		:	OK or NG		

※テストピースが検出されない場合は、直ちに確認者へ報告すること
※上記の場合は、確認者の指示に従い作業を開始すること

▶ポイント◀ ——— 357 —

HACCPに対応した帳票です。金属探知機によって、金属片による物理的な危害要因を除きます。この工程管理がCCPに設定されることが多いです。日々の点検と記録が大切です。

原材料の受入れ管理表

（日付）※西暦（年）（月）

確認者名	記録者名

原材料受入れ管理表

原材料名：　　　　　　　　外装：

【外観で×がついた場合、使用期限が２カ月以下のものが届いた場合は品質管理課へ連絡すること】

受入日	入荷数（ケース）	賞味期限 基準：３日以上	外観（傷、汚れ） ○ or ×	温度（℃） 基準：4℃以下	担当者	備考
記入例	20ケース	14. 02. 16	○	2℃	□□	

特記事項
（記入例）賞味期限残りが3日以下だったので、品管に連絡した。

▶ポイント◀ ——— 358 —

HACCPに対応した帳票です。原材料とその保存環境の不良は、製品としての食品の安全性に影響を与える場合があります。日々の受入れ検査と記録が大切です。

加熱冷却温度の管理記録表

（日付）※西暦（年）（月）（日）

確認者名

加熱冷却温度管理記録

加熱温度の管理基準値：○℃以上　　冷却温度の管理基準：○℃以下

時間	8時（　:　）	9時（　:　）	10時（　:　）	11時（　:　）	12時（　:　）	13時（　:　）	14時（　:　）
加熱温度							
冷却温度							
記入者名							
異常時の措置							

時間	15時（　:　）	16時（　:　）	17時（　:　）	18時（　:　）	19時（　:　）	20時（　:　）	21時（　:　）
加熱温度							
冷却温度							
記入者名							
異常時の措置							

時間	22時（　:　）	23時（　:　）	0時（　:　）	1時（　:　）	2時（　:　）	3時（　:　）	4時（　:　）
加熱温度							
冷却温度							
記入者名							
異常時の措置							

時間	5時（　:　）	6時（　:　）	7時（　:　）				
加熱温度							
冷却温度							
記入者名							
異常時の措置							

▶ポイント◀ ——— 359 —

HACCPに対応した帳票です。加熱・冷却工程がある食品製造においては、この工程管理がCCPに設定されることが多いです。日々の点検と記録が大切です。

室内温度の管理記録表

（日付）※西暦（年）（月）（日）

確認者名

室内温度管理記録

据え付けのデジタル温度計を確認して記録 点検者　：

点検場所							
管理基準							
時　間							
午前	～	℃	℃	℃	℃	℃	℃
午後	～	℃	℃	℃	℃	℃	℃

管理基準逸脱時、対応内容等

▶ポイント◀ ——— 360 —

GMPに対応した帳票です。室内温度は、環境中の生物的危害要因のリスク低減に重要な指標です。日々の点検と記録が大切です。

冷蔵・冷凍庫の温度管理記録表

（日付）※西暦（年）（月）　　最終確認者名

冷蔵冷凍庫の温度管理記録

日付		1	2	3	4	5	6	7	8	9	10	11	12	13	14	15	16	17	18
記入者名																			
冷蔵庫	午前	℃	℃	℃	℃	℃	℃	℃	℃	℃	℃	℃	℃	℃	℃	℃	℃	℃	℃
		:	:	:	:	:	:	:	:	:	:	:	:	:	:	:	:	:	:
	午後	℃	℃	℃	℃	℃	℃	℃	℃	℃	℃	℃	℃	℃	℃	℃	℃	℃	℃
		:	:	:	:	:	:	:	:	:	:	:	:	:	:	:	:	:	:
冷凍庫	午前	℃	℃	℃	℃	℃	℃	℃	℃	℃	℃	℃	℃	℃	℃	℃	℃	℃	℃
		:	:	:	:	:	:	:	:	:	:	:	:	:	:	:	:	:	:
凍結庫	午前	℃	℃	℃	℃	℃	℃	℃	℃	℃	℃	℃	℃	℃	℃	℃	℃	℃	℃
		:	:	:	:	:	:	:	:	:	:	:	:	:	:	:	:	:	:
確認者																			

日付		19	20	21	22	23	24	25	26	27	28	29	30	31
記入者名														
冷蔵庫	午前	℃	℃	℃	℃	℃	℃	℃	℃	℃	℃	℃	℃	℃
		:	:	:	:	:	:	:	:	:	:	:	:	:
	午後	℃	℃	℃	℃	℃	℃	℃	℃	℃	℃	℃	℃	℃
		:	:	:	:	:	:	:	:	:	:	:	:	:
冷凍庫	午前	℃	℃	℃	℃	℃	℃	℃	℃	℃	℃	℃	℃	℃
		:	:	:	:	:	:	:	:	:	:	:	:	:
凍結庫	午前	℃	℃	℃	℃	℃	℃	℃	℃	℃	℃	℃	℃	℃
		:	:	:	:	:	:	:	:	:	:	:	:	:
確認者														

温度管理基準
冷蔵庫　○℃以下
冷凍庫　−○℃以下
凍結庫　−○℃以下

【逸脱時の措置】
管理基準値を逸脱した場合は、確認者に連絡し、逸脱日およびその後の対処方法をｋしあいすること

▶ポイント◀　361

GMP に対応した帳票です。冷蔵・冷凍庫の温度管理は、食品の製造形態によっては、CCP にもなり得る重要なポイントです。日々の点検と記録が大切です。

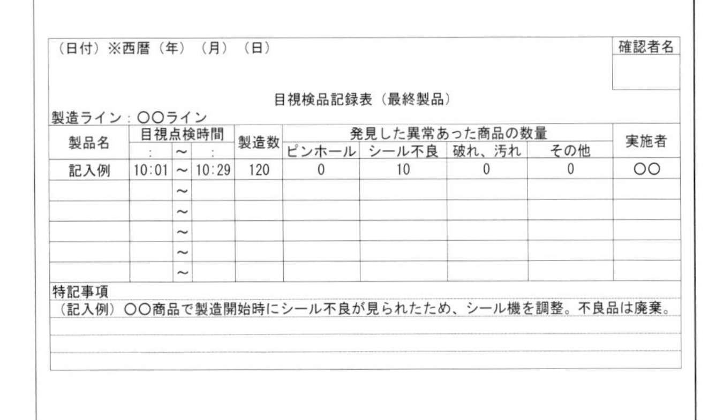

製品の中心温度管理記録表

（日付）※西暦（年）（月）（日）　　確認者名

製品の中心温度管理記録

測定方法：
測定頻度：
管理基準値：○℃以上
逸脱時の措置：管理基準値から逸脱した場合は、確認者に連絡し、対処した内容を備考に記載する。

No.	製品名	品温	点検時間	点検者名	備考
1					
2					
3					
4					
5					
6					
7					
8					
9					
10					

▶ポイント◀　362

HACCP に対応した帳票です。製品の中心温度の管理は、CCP に設定される場合が多いです。日々の点検と記録が大切です。

目視検品記録表（最終製品）

（日付）※西暦（年）（月）（日）　　確認者名

目視検品記録表（最終製品）

製造ライン：○○ライン

製品名	目視点検時間			製造数	発見した異常あった商品の数量				実施者
	:	〜	:		ピンホール	シール不良	破れ、汚れ	その他	
記入例	10:01	〜	10:29	120	0	10	0	0	○○
		〜							
		〜							
		〜							
		〜							
		〜							

特記事項
（記入例）○○商品で製造開始時にシール不良が見られたため、シール機を調整。不良品は廃棄。

▶ポイント◀　363

GMP に対応した帳票です。目視検品で見つかるものは、明らかな不良品です。日々の検査と記録が大切です。

イラストで見る
HACCPシステムの要点

2020年12月5日　初版第1刷　発行

著　者　HACCP研修チーム
発行者　夏野雅博
発行所　株式会社　幸書房
〒101-0051　東京都千代田区神田神保町2-7
TEL　03-3512-0165　FAX　03-3512-0166
URL　http://www.saiwaishobo.co.jp

組　版　デジプロ
印　刷　シナノ

ISBN 978-4-7821-0448-4　C3058

ポスターとして
お使い下さい。

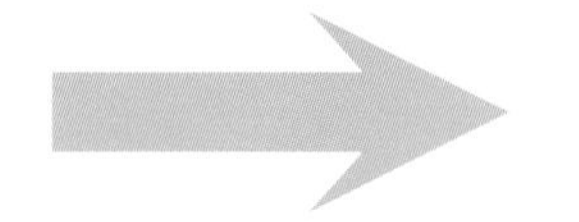

令和2年1月1日発行（毎月1回1日発行）通巻第410号「付録」
クリンネス
2020年1月号付録

衛生管理の基本『5S』とは

―HACCPの制度化でも役立つ基本的な考え―

食品を安全に提供するため、食品取扱事業者が日常的に取り組む衛生管理活動に、『5S活動』があります。

『5S』ってなに？

衛生管理5項目の頭文字からなる『5S』活動は食品事業者にとって決して特別なことではありません。当たり前のことが当たり前にできること。これが『5S』の取り組みです。

食品事業者 5S 活動の概念

整理 Seiri

要不要を区別する。要らないものは処分して製造場内の物を減らす

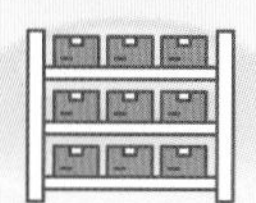

整頓 Seiton

材料や道具の収納場所を決め数量・期限の管理や表示を徹底

清掃 Seisou

汚れの目安をつくり見た目にきれいにする。頻度・方法・用具・洗剤を決める

習慣 Shukan

整理・整頓・清掃の手順・ルールを守る。習慣づけをして理解度を常時確認

清潔 Seiketsu

安全な食品を提供するための具体的な基準をつくり、衛生的な環境を維持する

なぜ『5S』なの？

5S活動は、継続的に実施する（できる）からこそ、成果が得られます。そのためにも、みんなで目的や目標を理解・共有して取り組むことが大切です！

食品事業者 5S 活動の主な目的

❶ 食品事故発生の未然防止

- 異物混入予防
- 虫の発生生息・混入予防
- アレルゲンや化学物質混入防止
- 微生物の交叉汚染防止　など

❷ フードディフェンス

- 犯罪をしにくい環境整備（犯罪抑止）

❸ 見栄え

- 安心のため
- 環境整備の一環　など

❹ 作業の効率化

- 動きなどのムダの減少
- 従事者のムリの減少
- 作業のムラの減少

など

NG 5S活動での残念な例

- 理想像や事例をそのまま用い、現場で維持できない取り組みをする
- 計画やルール（文章）と現場がマッチしない
- 継ぎ足しばかりのルール。精神論ばかりの「5S」遂行
- ルール（やること）はつくるが、見返さない（やることだけが増える）
- 目的や目標を理解（共有）しないまま実施する
- 活動の目的などを理解・説明できない人やグループによって取り組みがバラバラ

など

安全・安心な食品は、清潔な環境でつくられます。衛生的で清潔な環境を維持するために、みんなで『5S』に取り組みましょう！

〈提供〉一般財団法人 環境文化創造研究所

令和元年11月1日発行（毎月1回1日発行） 通巻第408号「付録」
クリンネス

食品機器・用具の正しい取り扱い

食品への異物混入や汚染を防ぐため、食品機器・用具の管理に注意を払う必要があります。
事例を参考に管理状況を再確認しましょう。

異物混入・食品汚染の予防を徹底！

食品機器・用具管理はココに注意!!

入場前に
再チェック

製造に
必要ないものは
現場に持ち込まない

過剰な備品を
現場に保管しない

これは食品に
使ってよい？

プラスチック、
樹脂製の備品は
食品用や
食品衛生法適合品を選ぶ

劣化するモノは
交換基準を決めておく
始終業点検で
状況を確認

モノの有無増減が
一目見てわかる
置き方をする

誤使用防止!
時間短縮!

構造が複雑な機器は
分解洗浄の方法を
決めておく

見えないところが
汚れているな

何か降って
きたぞ…

製造ライン
の真上に
汚いものを保管しない

変な臭いが
するよ

汚いものと
同じ場所に
きれいな備品を保管
しない

ポイントをおさえて
食品への異物混入、
汚染を防ぎましょう。